Retriever

AUTORIN: PETRA SOONS | FOTOS VON BEKANNTEN TIERFOTOGRAFEN

Inhalt

Retriever kennenlernen

Es gibt insgesamt sechs Retriever-Rassen und jede Rasse hat ihre eigene Geschichte. Doch ein Merkmal kennzeichnet alle Retriever: Sie besitzen einen ausgesprochen hohen Menschenbezug, das heißt, sie brauchen unbedingt die Nähe ihres Besitzers.

Die Geschichte der Retriever

Alle Retriever wurden als Jagdhunde gezüchtet, speziell die Wasserarbeit ist ihr Element. Aber auch im Feld und im Wald sind sie unschlagbar. Sie werden für die Arbeit nach dem Schuss eingesetzt, das heißt, sie bleiben dicht beim Hundeführer und warten gelassen ab, bis sie nach dem letzten Schuss zum Apport geschickt werden. Als sogenannte stumme Jäger (→ Tabelle, Seite 55) bellen sie auch kaum innerhalb des Hauses. Das macht sie zu angenehmen Wohnungsgenossen.

Wie die Rassen entstanden

Jede Rasse hat ihre eigene Entstehungsgeschichte.
St. John's Dog Diese Hunde gelten ziemlich sicher als die Ahnen für Labrador, Flat-Coated, Chesapeake Bay sowie Golden Retriever. Sie kamen aus der Gegend um St. John's, der Hauptstadt von Neufundland. Vom Aussehen her entsprachen sie dem heutigen englischen Labrador. Das Fell war kurz, dicht und wasserabstoßend, die Figur stämmig und von mittlerer Größe. Sie hatten charakteristische weiße Flecken auf Brust, Kinn, Pfoten und Schnauze, die wie ein Smoking anzusehen waren. Diese Färbung, besonders den Brustfleck, weisen heute noch einige Labradore auf, der typische Smoking ist aber nicht mehr zu sehen.

Ursprünglich halfen die St. John's Dogs, die Fischernetze aus dem Wasser zu ziehen. Anfang des 16. Jahrhunderts begannen die Fischer erste Siedlungen zu errichten und benötigten neben Helfern für den Fischfang nun auch Hunde, die sie bei der Jagd auf Federwild unterstützten. Hier zeigten sich die St. John's Dogs ebenfalls sehr gut veranlagt.
Labrador Retriver Über die Fischer kam der St. John's Dog Mitte des 19. Jahrhunderts schließlich auch nach England. Hier nahmen sich einige Adlige

der Zucht an und kreuzten verschiedene andere Rassen, so z. B. den Pointer ein, um seine jagdlichen Ambitionen und sein weiches Tragen (→ Tabelle, Seite 55) zu verstärken. Besonders der zweite Earl of Malmesbury (1778–1841) machte sich mit seinen Zuchtbemühungen einen Namen. Als eigenständige Hunderasse wurde der Labrador am 7. Juli 1903 vom englischen Kennel Club anerkannt.

Golden Retriever Neben dem St. John's Dog war für seine Entwicklung der Wavy-Coated Retriever verantwortlich, eine alte Rasse, die im Lauf der Zeit in den bestehenden Retrievern aufging.

Im Jahr 1864 kaufte Lord Tweedmouth einen gelben Wavy-Coated Retriever von einem Schuhmacher aus Brighton: den Rüden Nous! Vier Jahre später verpaarte er Nous mit der Tweed-Waterspaniel-Hündin Belle. Im Lauf der Jahre kreuzte er noch Setter, Bluthunde und auch Labrador Retriever in die Nachkommen ein.

Als Jagdhund zeichnet sich der Golden Retriever durch ein besonders vorsichtiges Tragen aus. Er bringt die Taube unbeschädigt zum Jäger.

1910 wurde der Golden Retriever als eigene Rasse vom englischen Kennel Club anerkannt, 1911 gründete sich der erste Golden Retriever Club. Seit den 1960er-Jahren gibt es die Rasse in Deutschland.

Flat-Coated Retriever Auch sie stammen von St. John's Dogs ab, die vermutlich mit Setter, Sheepdog und Waterspaniel gekreuzt wurden. Spaniel und Setter wurden wegen ihrer Schnelligkeit und Lebhaftigkeit gewählt, die Sheepdogs und besonders die schottischen Collies brachten die Intelligenz und vor allem den erwünschten Gehorsam. Der erste Züchter, der sich um den Flat-Coated besonders verdient gemacht hatte, war M. Shirley. Er kreuzte Irish Waterspaniel mit Setter, Collie und Kleinem Neufundländer. Der Beliebtheitshöhepunkt reichte bis ins 19. Jahrhundert. Der Flat-Coated überzeugte nicht nur jagdlich, sondern wurde auf Ausstellungen meist hoch dekoriert. Er galt als der Prototyp des Jagdhunds nach dem modernen Konzept des Dual Purpose (→ Seite 14).

Curly-Coated Retriever Sie gehören zu den ältesten Retrieverrassen. Es ist ziemlich sicher, dass der Curly auf den englischen Waterdog (nicht verwechseln mit dem Waterspaniel) zurückgeht. Von ihm hat er sein hartes, gelocktes Fell. In der Rasseentwicklung spielt der St. John's Dog ebenso eine Rolle wie Pointer und Setter. Die Rasse wurde 1854 vom englischen Kennel Club anerkannt und erstmals 1860 in Birmingham ausgestellt. Selbst in Australien wurde der Curly damals ausgestellt.

Chesapeake Bay Retriever Er ist der einzige Retriever, der aus den USA stammt. Als Stammhunde dieser Rasse gelten zwei St. John's Neufundland Hunde, die 1807 an der Chesapeake Bay in Maryland aus Schiffbruch gerettet wurden: der rötliche Rüde »Sailor« und die schwarze Hündin »Canton«. Es gibt viele Theorien über die weitere Entwicklung

Retriever (im Bild ein Chesapeake Bay Retriever) sind überaus aufmerksame Begleiter. Sie zeigen ihrem Halter durch eine gespannte Körperhaltung ähnlich dem Vorstehen an, wenn sie etwas Interessantes entdeckt haben. Dieses Verhalten ist angeboren.

der Rasse. Wahrscheinlich spielten Curlys, Flats, Irish Waterspaniels, Setter und Coonhounds eine Rolle. Im American Kennel Club wurde der erste Chesapeake Bay Retriever 1878 registriert. Er war lange Zeit der Allround-Hund des einfachen Mannes, der sowohl bei der Jagd half, als auch seinen Besitzer, dessen Familie und Eigentum bewachte und schützte. So entwickelte der Chessie im Unterschied zu den anderen Retrievern einen ausgeprägten Schutz- und Wachtrieb (Ausnahme: Curly).

Nova Scotia Duck Tolling Retriever Dies ist vielleicht der einzige Retriever, der nicht vom St. John's Dog abstammt. Über seine Entstehung gibt es mehrere Theorien. Sicher ist, dass eine Stammhündin ein Wavy-Coated Retriever von J. Allen war, die mit einem Vorläufer des Labrador verpaart wurde. Später kreuzte man Cocker Spaniel und Irish Setter ein. Der Toller ist eine jüngere Retrieverrasse, erst 1945 wurde sie vom kanadischen Kennel Club anerkannt, 1981 dann auch von der FCI.

Labrador Retriever

> Schulterhöhe: 56–57 cm (Rüde), 54–56 cm (Hündin)
> Gewicht: 34–37 kg (Rüde), 26–30 kg (Hündin)
> Fell: kurz, dicht, glatt mit dichter Unterwolle, es fühlt sich ziemlich hart an
> Farbe: gelb, braun und schwarz

Aussehen Der Labrador ist ein kräftig gebauter, mittelgroßer Hund mit breitem Kopf. Brust und Rippenbogen sind tief und gut gewölbt. Die Rute ist am Ansatz sehr dick und verjüngt sich zur Spitze hin. Durch das kurze, dichte Fell erscheint sie rund und ähnelt einem Otterschwanz. Es gibt heute zwei unterschiedliche Typen: den etwas schwereren und kompakteren Labrador mit kräftigem Kopf (Show- oder Standardlinie) und den leichten, hochbeinigeren und schlankeren Labrador, der auf Arbeitslinien gezüchtet wurde (→ Seite 14).

Wesen Der Labrador ist wasserverrückt, freundlich, gesellig und familienbezogen. Diese Eigenschaften machen ihn zu einem der beliebtesten Familienhunde der Welt. Er ist überaus aktiv, arbeitsfreudig und liebt Menschen! Wer aber einen Wachhund sucht, der ist beim Labrador falsch: Ein Labbi begrüßt jeden Einbrecher schwanzwedelnd und zeigt ihm den Weg zum Kühlschrank – in der Hoffnung, dass etwas für ihn abfällt.

Der Labrador zeichnet sich durch seinen »will to please« aus (→ Tabelle, Seite 55). Das bedeutet aber nicht, dass er nicht auch erzogen werden muss. Seine Leichtführigkeit (→ Tabelle, Seite 55) macht die Ausbildung jedoch einfach, er verzeiht auch mal Fehler, die wohl ein jeder in der Erziehung macht. Er ist psychisch belastbar, braucht aber keinen harten Ausbildungsdrill. Die Arbeitslinien sind in der Regel sensibler als die Showlinien.

Haltung und Pflege Der Labrador ist sehr pflegeleicht. Es reicht, ihn ab und an zu bürsten und viel schwimmen zu lassen. Hat er sehr viel und dichte Unterwolle, kann es sein, dass das Fell unangenehm riecht, weil es zu lang zum Trocknen braucht. Dann sollte man es mittels besonderer Kämme ausbürsten. Mitunter ist es nötig, die Rutenspitze ein wenig rund zu schneiden, damit die typische dicke Otterrute besser zur Geltung kommt.

Wissenswertes Der Labrador Retriever stammt vom St. John's Dog ab und kam im 19. Jahrhundert mit Fischern von Neufundland nach England. Der erste gelbe Labrador war Ben of Hyde, der 1899 in der Zucht von Major Charles Radclyffe geboren wurde. Der erste braune (chocolate) Labrador wurde erst 1964 anerkannt, es war der von Mrs. Pauling 1961 gezüchtete CH Cookridge Tango. Der Labrador Retriever ist ein ausgezeichneter Jagdhund, der sich immer größerer Beliebtheit in Jägerkreisen erfreut. Darüber hinaus findet er in verschiedenen weiteren Bereichen Verwendung. So wird er als Blindenführhund und als Rettungshund ausgebildet sowie als Spürhund bei Polizei, Zoll und Katastrophenschutz eingesetzt.

Golden Retriever

> Schulterhöhe: 56–61 cm (Rüde), 51–56 cm (Hündin)

> Gewicht: 35–38 kg (Rüde), 27–30 kg (Hündin), die Arbeitslinien sind leichter

> Fell: mittellang mit glattem oder welligem Deckhaar und dichter Unterwolle; gute Befederung, das heißt längere Haare an den Vorderläufen

> Farbe: alle Schattierungen von Gold bis Cremefarben, jedoch nicht Mahagoni oder Rot

Aussehen Zum typischen Erscheinungsbild gehören ein Kopf mit ausgeprägtem Stopp (→ Seite 55), ein muskulöser Hals sowie ein tiefer, gut gewölbter Brustkorb. Wie beim Labrador hat sich die Zucht geteilt in Show- und Arbeitslinie. Letztere ist leichter, kürzer im Rücken, wendiger und hochbeiniger.

Wesen Wie alle Retriever, so wurde auch der Golden Retriever als Jagdhund gezüchtet. Er ist absolut wasserfreudig, zeigt eine zuverlässige, ausdauernde Suche und ist ein eifriger, durch nichts ablenkbarer Apporteur. Jegliche Form von Aggressivität, Kampftrieb, Ängstlichkeit und Nervosität sind unerwünscht. Der Golden Retriever besticht durch sein sanftes Wesen, sein starkes Bedürfnis, mit dem Führer zusammenzuarbeiten (»will to please«) und durch seine Leichtführigkeit. Er ist temperamentvoll und trotzdem sehr anpassungsfähig. Nicht zuletzt verdankt er diesen Wesensmerkmalen seine große Beliebtheit auch als Familienhund.

Haltung und Pflege Trotz des längeren Fells ist ein Golden Retriever weder übermäßig haarig, noch ist eine besonders große und aufwendige Fellpflege notwendig. Wenn Sie Ihren Golden regelmäßig schwimmen lassen (was er sowieso einfordern wird), dann haben Sie mit Haaren in der Wohnung kaum Probleme. Ab und an sollte er ein wenig getrimmt werden (→ Seite 34), wobei man sich auf Hals-/Brustpartie, Pfoten, Ohren und Rute beschränkt. Wenn der Golden einige Haare im Fellwechsel in der Wohnung verliert, dann haben selbst diese Haare genügend »will to please« und rotten sich zu kleinen Häufchen zusammen, die man bequem aufsaugen oder absammeln kann.

Wissenswertes Die Golden Retriever gehören zu den beliebtesten Hunderassen. Sie sind aufgrund ihrer Eigenschaften vielseitig einsetzbar: als Spezialisten bei der Jagd, als zuverlässige Blindenführhunde, als unbestechliche Schnüffler für Zoll und Kripo, als Lawinen- und Sprengstoffsuchhunde und nervenstarke Retter von Erdbebenopfern.

Herkunft des Namens »Retriever«

TO RETRIEVE Das englische Verb heißt so viel wie abholen, aufspüren, zurückholen, wiederfinden. Die Hunde bringen dem Jäger geschossenes Wild (egal wo es liegt und ob sie es suchen müssen). Von dieser Tätigkeit leitet sich der Name her.

Curly-Coated Retriever

> Schulterhöhe: 67,5 cm (Rüde), 62,5 cm (Hündin)
> Gewicht: 25–35 kg (Rüde und Hündin); das Gewicht sollte in ausgewogener Proportion zur Größe des Hundes stehen
> Fell: kurz, dicht und gelockt
> Farbe: schwarz und liver (braun)

Aussehen Der Curly ist am ganzen Körper mit dichten Locken bedeckt. Davon ausgenommen sind das Gesicht, die Hinterläufe vom Sprunggelenk abwärts und die Front der Vorderläufe, die kurz und glatt behaart sind. Der ebenfalls gelockte Schwanz wird niemals aufwärtsgerollt getragen.

Wesen Curly-Coated Retriever sind in der Regel nur auf ihre Familie bzw. auf ihren Besitzer bezogen. Sie sind zwar freundlich, aber zurückhaltend und Fremden gegenüber eher uninteressiert. Im Gegensatz zu Golden und Labrador Retriever haben sie ihren Wach- und Schutzinstinkt beibehalten. Der Curly hat unbedingt Humor und spielt den Clown, auf keinen Fall wird das Zusammenleben mit ihm langweilig. Die Rasse ist sehr liebesbedürftig und braucht Familienanschluss.

Haltung und Pflege Der Curly ist nicht geeignet für Trainings- bzw. Ausbildungsmethoden, die schnelle Erfolge zeigen. Er entwickelt sich nur langsam und ist erst mit drei Jahren ausgereift. Dieses langsame Wachstum, kombiniert mit hoher Intelligenz, aber großem Eigensinn, bedeutet, dass jedes Training viel Zeit, Geduld und Konsequenz voraussetzt. Die Ausbildung muss unbedingt individuell auf den Hund ausgerichtet sein. Unter diesen Voraussetzungen bringt die Arbeit mit dem Curly viel Freude und man bekommt einen Hund mit großer Ausdauer und dem Willen zur selbstständigen Arbeit, der nie aufgibt.

Die Rasse ist extrem pflegeleicht. Die Hunde haaren nicht, und auch Bürste oder Kamm werden nie gebraucht. Trimmen ist nur gelegentlich an der Rute und hinter den Ohren nötig. Die beste Fellpflege ist regelmäßiges Schwimmen.

Wissenswertes Der Curly-Coated Retriever existiert als Rasse seit mehr als 100 Jahren nahezu unverändert, als Rassetyp ist er schon seit ca. 400 Jahren bekannt. Er gehört zu den ursprünglichsten Rassen und hat sich im Lauf der Zeit wenig gewandelt, das heißt, er sieht heute noch so aus wie in den Anfangszeiten. 1621 beschrieb Gervase Markham die »best water dogge« als schwarz oder leberfarben (liver), starke und schnelle Schwimmer mit gelocktem Fell – den Curly-Coated Retriever. Auch Drucke aus dem 18. Jahrhundert zeigen diese Hunde schon in ihrer heutigen Form.

Der heute noch gültige Standard geht auf einen australischen Rasseverein zurück, der sich 1890 gründete. Vor ca. 100 Jahren war der Curly-Coated Retriever einer der populärsten Jagdhunde in Großbritannien. In Deutschland ist er relativ selten vertreten, im Deutschen Retriever Club sind aktuell weniger als 100 Tiere registriert.

Flat-Coated Retriever

› Schulterhöhe: 59–61,5 cm (Rüde), 56,5–59 cm (Hündin)
› Gewicht: 27–36 kg (Rüde), 25–32 kg (Hündin)
› Fell: mittellang, dicht anliegend mit gut ausgeprägter Unterwolle
› Farbe: schwarz oder braun

Aussehen Der Flat-Coated Retriever hat eine höhere und schmalere Statur als der Golden Retriever. Sein Kopf ist schmal und weist nur einen leichten Stopp (→ Tabelle, Seite 55) auf.

Wesen Der Flat-Coated Retriever ist ein aktiver Hund, der Beschäftigung liebt und gern etwas lernen möchte. Er ist lebhaft und temperamentvoll, wobei er ein freundliches Wesen zeigt. Er ist kinderlieb und passt sich gut in die verschiedensten »Menschenrudel« ein. Im Alltag zeigt er einen großen »will to please« (→ Seite 55). Der Flat-Coated Retriever bleibt sein Leben lang ein »Jungspund« und Clown. Er kommt mitunter auf die eigenartigsten Einfälle und bringt seinen Besitzer sehr häufig zum Lachen. Er fordert seinen Menschen, der auf jeden Fall eine Portion Humor haben sollte. Das unterscheidet ihn auch von den anderen Retrieverrassen. Ein Flat entwickelt gern eigene Ideen und will eine Aufgabe dann so lösen, wie er es gern hätte – was nicht unbedingt mit der Ansicht des Besitzers übereinstimmt. Dabei zeigt er sich aber immer liebenswert und nötigt so meist ein Lächeln ab. Der Flat »küsst« für sein Leben gern. Falls Sie Brillenträger sind, gewöhnen Sie sich an häufiges Putzen.

Wasser ist seine große Leidenschaft. Er macht um keine Matschpfütze einen Bogen. Er sollte ausgiebig Möglichkeit zum Schwimmen bekommen. Seine zweite Leidenschaft ist das Apportieren. Er sucht unermüdlich und zeigt einen enormen Findewillen.

Haltung und Pflege Der in der Familie lebende Flat kann ausgezeichnet mit Dummyarbeit ausgelastet werden, er eignet sich aber ebenso für Agility, Breitensport oder Flyball.

Ein Flat ist ein freundlicher Spielpartner für große und kleine Hunde. Als Zweithund verbündet er sich schnell mit dem bereits in der Familie lebenden Althund. Er verträgt sich mit allen Tieren des Hauses. Er ist ein angenehmer Begleiter am Pferd und ein toleranter Mitbewohner für die eigene Katze. Bei der Fellpflege stellt er die gleichen Ansprüche wie der Golden Retriever (→ Seite 9).

Wissenswertes Diese Rasse entstand um das Jahr 1850. Der Flat-Coated Retriever stammt ursprünglich vom St. John's Dog ab, der vermutlich mit Setter, Sheepdog und Waterspaniel gekreuzt wurde. Durch seinen Findewillen eignet er sich hervorragend als Such- und Spürhund für Sprengstoffe und Rauschgift. Sein hoher Spieltrieb, die Menschenfreundlichkeit, seine Nervenstärke ebenso wie die angeborene Neugier machen seinen Einsatz auch in schwierigem Gelände möglich. Als Lawinen-, Rettungs- und Sanitätshund leistet er ebenfalls sehr gute Dienste.

Chesapeake Bay Retriever

› Schulterhöhe: 58–66 cm (Rüde), 53–61 cm (Hündin)
› Gewicht: ca. 36 kg (Rüde), ca. 32 kg (Hündin)
› Fell: ca. 2,5 cm kurz mit sehr dichter Unterwolle, die leicht ölig wirkt und sich auch so anfasst
› Farbe: von »trockenem Gras« über hellrötlich und gräulich braun bis hin zu diversen Brauntönen; bevorzugt wird eine einheitliche Färbung, kleine Abzeichen sowie eine Maske sind jedoch erlaubt

Aussehen Da Wesen und Arbeitsleistung lange Zeit Zuchtziel der Chesapeake Bay Retriever waren, existiert kein einheitlicher Typ: Es gibt labradorähnliche kompakte Chessies über sportliche bis hin zu großen und sehr kräftigen Typen. Vom Hals über den Rücken bis zur Rutenspitze ist das dichte Fell charakteristisch gewellt, an Kopf, Bauch und Beinen ist es dagegen kurz und glatt.

Wesen Der Chesapeake wird oft als sehr selbstständig und etwas eigensinnig bezeichnet. Für Menschen, die bereit sind, sich auf die Eigenarten dieser Rasse einzulassen, kann er zum idealen Begleiter bei Jagd und Sport werden. Chesapeakes sind »workaholics«, die dafür leben, etwas lernen und arbeiten zu dürfen. Sie brauchen unbedingt eine Aufgabe, am besten gemäß der gezüchteten Eigenschaften. Geht man nicht mit ihm zur Jagd, dann ist die Dummyarbeit die beste Alternative. Die Rasse zeigt einen ausgeprägten Schutz- und Wachtrieb. Fremden gegenüber sind die Hunde meist distanziert, manchmal sogar etwas misstrauisch. Ihrer Familie gegenüber sind sie jedoch sehr freundlich und gutmütig.

Haltung und Pflege Weiß man um den Schutz- und Wachtrieb, dann kann man die Reaktionen eines Chessie wesentlich besser einschätzen. Ist er nicht genügend ausgelastet, sucht er sich eine Beschäftigung, die seinen Trieben entgegenkommt: z. B. beginnt er sein Revier übermäßig zu schützen, entscheidet, wer willkommen ist, bewacht bellend Haus und Auto oder verteidigt Gegenstände. Als Blindenführhund ist er deshalb weniger geeignet. Eine besondere Pflege ist nicht notwendig: Viel schwimmen und gelegentliches Bürsten reicht aus.

Wissenswertes Viele Chesapeakes zeigen deutliche Mimik und äußern rassetypische Laute. Am bekanntesten dürfte das »Grinsen« sein, das große Freude ausdrückt. Der Hund zieht die Lefzen stark hoch, sodass alle Zähne zu sehen sind. Oft folgt danach ein lautes Brummen oder Gurren, das Fremde oft zusammenzucken lässt, das aber freundlich gemeint ist.

Vom Welpenalter an muss der Chesapeake klare Verhaltensregeln kennenlernen, die man als Hundebesitzer nicht mit Härte, aber mit Konsequenz durchsetzen muss. Aufgrund seines Schutztriebs muss er rechtzeitig und positiv sozialisiert werden. Es ist wichtig, dass er von Anfang an lernt, Hunde anderer Rassen, anderen Tieren und Menschen freundlich oder zumindest gelassen zu begegnen.

Nova Scotia Duck Tolling Retriever

> Schulterhöhe: 48–51 cm (Rüde), 45–48 cm (Hündin); +/– 2,5 cm sind erlaubt

> Gewicht: 20–23 kg (Rüde), 17–20 kg (Hündin)

> Fell: mittellang, leicht wellig auf dem Rücken; weich mit dichter und noch weicherer Unterwolle

> Farbe: verschiedene Schattierungen von Rot mit weißen Abzeichen an Rutenspitze, Pfoten, Brust sowie einer weißen Blesse

Aussehen Der Toller ist ein mittelgroßer, kraftvoller, kompakter, harmonischer und gut bemuskelter Hund mit kräftiger Knochensubstanz.

Wesen Er verfügt über ein hohes Maß an Flinkheit, Wachsamkeit und Entschlossenheit. Er ist zu jeder Zeit bereit, schwungvoll zu agieren, sobald auch nur das geringste Anzeichen zur Notwendigkeit gegeben ist. Sein ausgeprägter Apportiersinn und sein Spieltrieb sind seine charakteristischen Merkmale. Man kann gut mit ihm zusammenarbeiten. Er ist fröhlich, temperamentvoll und will es recht machen. Er ist dabei feinfühlig, anhänglich oder aber auch überschwänglich, mal gehorsam, mal über-

mütig, je nachdem, was die Situation verlangt. Für seine speziellen Freunde in seiner Familie ist er ein guter Gedankenleser und spiegelt die wechselnden Stimmungen seines Herrn mit verblüffender Anpassungsfähigkeit. Fremden gegenüber ist der Toller eher reserviert und hält Abstand, er kann dann stur und uninteressiert erscheinen.

Haltung und Pflege Die Ausbildung erfordert sehr viel liebevolle Konsequenz ohne Härte, viel Fantasie und die Fähigkeit, sich selbst im Umgang mit seinem Hund zu beobachten. Er benötigt viel Abwechslung bei den Lektionen. Seine Intelligenz und unermüdliche Neugier lassen ihn schnell lernen, sofern man sich von seinem Charme nicht um den Finger wickeln lässt. Der Toller eignet sich neben der Retrieverarbeit (→ Info, Seite 9) ganz ausgesprochen gut für alle Beschäftigungen, bei denen er seine Wendigkeit und Spritzigkeit ausleben kann und die darüber hinaus auch seine Intelligenz fordern, wie z. B. Agility oder Flyball.

Die Pflege gestaltet sich wenig aufwendig: Neben Ohren- und Pfotenkontrolle ist nur Bürsten nötig.

Wissenswertes Der Toller stammt aus Kanada. Er gehört zu den jüngeren Retrievern, die Rasse wurde erst 1945 anerkannt. Der Toller wurde gezüchtet, um Wasserwild anzulocken und es zu apportieren (→ Info unten).

Was bedeutet »tolling«?

ENTEN ANLOCKEN Der Toller springt und spielt am Ufer und kann dabei von den Enten gut beobachtet werden. Manchmal verschwindet er aus der Sicht, um schnell wieder zu erscheinen. So lockt er die Enten an, damit sie der Jäger erlegen kann.

Arbeitslinien und Showlinien

Sein gefälliges Äußeres führte dazu, dass sich die Zucht des Golden Retriever in zwei Richtungen aufspaltete: in die Showlinie und die Arbeitslinie. Inzwischen gibt es auch bei den anderen Rassen diese Linien. Besonders bei Labrador und Golden Retriever unterscheiden sich diese Schläge mittlerweile so stark, dass man sie fast für eigenständige Rassen halten könnte.

Wie es zur Aufteilung der Linien kam

Ursprünglich wurden sowohl die Golden als auch die Labrador Retriever als Jagdgebrauchshunde für die Niederwildjagd gezüchtet. Zusätzlich wurden sie auch ausgestellt. Diese sogenannten Dual-Purpose-Hunde mussten also sowohl auf Ausstellungen als auch bei der Jagd herausragende Leistungen und Prädikate erbringen. Im Lauf der Zeit ließen sich diese hohen Ansprüche kaum mehr miteinander vereinbaren. Der ursprüngliche Dual-Purpose-Hund verschwand immer mehr. Daran änderte auch der vom Kennel Club veröffentlichte Rassestandard nichts, zumal die Schönheit eines Hundes stets subjektiv ist und auch der Geschmack Modeerscheinungen unterliegt.

Die Popularität der Labrador und Golden Retriever in breiten Schichten der Bevölkerung nahm immer mehr zu. Dies hängt mit den Wesensmerkmalen

Arbeitslinie, links im Bild, und Standardlinie des Golden Retriever unterscheiden sich deutlich.

Dieser Labrador aus einer Arbeitslinie wirkt wesentlich leichter und agiler als einer aus einer Standardlinie.

wie Intelligenz, Aufmerksamkeit, Freundlichkeit, Führigkeit und Lenkbarkeit, mit der Ruhe, die diese Hunde ausstrahlen, und mit ihrer Verträglichkeit ohne Scheu zusammen. Die meisten Halter wollten sie jedoch als Familienhund. So kam es, dass sich die Zucht immer stärker auf das Äußere konzentrierte und die Arbeitsleistung vernachlässigte.

Showlinien Sie zeichnen sich durch einen schwereren Körperbau, wuchtigere Köpfe und im Vergleich zum Körper kürzere Beine aus. Manche Retriever aus Showlinien haben das Interesse am Apportieren verloren, und man muss mit mehr Motivation arbeiten, um diese Veranlagung wieder zu wecken bzw. wach zu halten. Sie zeigen den »will to please« (→ Seite 55) nicht mehr so deutlich und wirken mitunter etwas stur. Allerdings verzeihen sie dadurch Fehler in der Ausbildung leichter als Retriever aus Arbeitslinien (→ unten).

Arbeitslinien Die Anforderungen an den jagdlichen Einsatz bestimmen das Erscheinungsbild der Arbeitslinien. Die Hunde sind schlanker, muskulöser und wendiger, die Köpfe sind schmaler, der Fang ist kürzer. Sie bestechen durch große Führigkeit und Temperament, verbunden mit Eigeninitiative während der Arbeit. Dadurch haben sie ein gutes Kombinationsvermögen und sie entwickeln schnell Problemlösestrategien.

Die Arbeit mit solchen Hunden ist anspruchsvoller. Man benötigt mehr Ruhe und einen durchdachten Trainingsaufbau. Fehler in der Ausbildung lassen sich nur mit sehr viel Mühe wieder ausmerzen. Die größte Gefahr liegt allerdings in ihrer Arbeitsbereitschaft und in ihrem Lernwillen. Leicht kann es dabei passieren, dass man die Retriever durch zu schnelles Vorgehen überfordert. Mitunter sind sie dann zu sensibel für Korrekturen und verweigern jede Aktion.

Welcher Hund für wen?

TIPPS VON DER
RETRIEVER-EXPERTIN
Petra Soons

Für welche Rasse Sie sich entscheiden, hängt von Ihren Lebensumständen und Ihrer Hundeerfahrung ab. Beachten Sie bei der Auswahl die Charaktereigenschaften (→ Porträts, Seite 8 bis 13) sowie die Ansprüche an die Haltung.

AKTIVE MENSCHEN Dafür sind alle Retrieverrassen ideale Partner. Ausgedehnte Spaziergänge, verbunden mit Kopfarbeit, die den Hund auch geistig fordert und auslastet, sind ein Muss.

FAMILIEN UND HUNDENEULINGE Die beliebtesten Familienhunde sind Labrador und Golden Retriever. Durch ihre ausgeprägte Gelassenheit, ihren »will to please« und ihre leichte Erziehbarkeit eignen sie sich auch für Familien mit Kindern. Sie sind einerseits sportlich und agil, andererseits aber auch verschmust und geduldig.

ERFAHRENE HUNDEHALTER Für solche eignen sich Chesapeake Bay Retriever und Curly-Coated Retriever, denn sie verfügen über einen gewissen Schutz- und Wachtrieb, der bei der Erziehung berücksichtigt werden muss. Beide müssen ausreichend beschäftigt werden.

Gedanken zur Hundehaltung vorab

Bevor Sie sich für eine Rasse entscheiden, sollten Sie sich fragen, ob ein Retriever überhaupt zu Ihnen passt. Im Folgenden habe ich die Anforderungen zusammengestellt, die Sie für eine Retrieverhaltung mitbringen müssen. Beantworten Sie nach dem Lesen ehrlich, ob Sie sie erfüllen können. Wichtig ist, dass jedes Familienmitglied in die Entscheidung einbezogen wird und mit dem Resultat einverstanden ist. Sie übernehmen für die nächsten 12 bis 14 Jahre die Verantwortung für ein Lebewesen, und mitunter muss jedes Familienmitglied auf etwas verzichten und eigene Wünsche zurückstellen. Zugunsten des Hundes!

Zeit Haben Sie genug Zeit für den Hund? Wer beschäftigt sich mit ihm, wenn Sie ganztags arbeiten? Ein Welpe braucht wie ein kleines Kind Ansprache, Erziehung und Beaufsichtigung. Wenn Sie arbeiten, müssen Sie Urlaub nehmen. Sorgen Sie dafür, dass er allmählich stubenrein wird (→ Seite 27) und üben Sie das Alleinbleiben (→ Seite 30).
Vor allem die Dauer und Art Ihrer Arbeit entscheidet über ein Ja oder Nein zur Hundehaltung.

Kinder und Hunde verstehen sich prima, wenn bestimmte Regeln eingehalten werden. Retriever haben besonders viel Geduld im Spiel mit ihnen.

› Alle, die zu Hause arbeiten, können einen Hund in ihren Alltag integrieren.
› Auch wenn Sie den Hund mit ins Büro nehmen dürfen, ist die Haltung unproblematisch.
› Arbeiten Sie in Teilzeit und lassen den Hund nur ca. vier Stunden am Tag allein, kann die Hundehaltung ebenfalls problemlos bewältigt werden.
› Müssen Sie ganztags und jeden Tag arbeiten, dann erfordert die Hundehaltung Ihr Organisationstalent, denn ein Hund kann und darf nicht zwölf Stunden täglich allein bleiben.

Gesundheit Sind Sie körperlich in der Lage, einen sportlichen, quirligen Retriever auszulasten? Diese Lauftiere müssen täglich ausgedehnte Spaziergänge bekommen, die sie brauchen wie die Luft zum Atmen. Gerade junge Hunde benötigen genügend Auslauf und Spiel und Spaß mit dem Besitzer. Dies fördert die Bindung und steigert auch beim Menschen das Wohlbefinden.

Hundeschule Können Sie regelmäßig eine Hundeschule besuchen und Ihrem Hund eine Ausbildung bieten? Auch wenn die Retriever den Ruf haben, sehr leicht erziehbar zu sein – ganz ohne Aufwand geht es doch nicht. Nur regelmäßiges Training und Üben garantiert einen gut erzogenen Hund, den man überallhin mitnehmen kann. Das kostet neben Geld auch Zeit und Ausdauer.

Urlaub Was passiert, wenn Sie in den Urlaub fahren? Können Sie den Hund mitnehmen, oder benötigen Sie eine gute Hundepension oder eine andere Betreuung für diese Zeit? Auch das muss rechtzeitig geplant und organisiert werden.

Krankheit Ist die Betreuung des vierbeinigen Familienmitglieds gewährleistet, falls Sie oder das Tier einmal erkranken? Diese Frage muss ehrlich im Familienrat erörtert werden. Krankheit lässt sich nicht planen und kommt immer unpassend. Eine zuverlässige Betreuung für den Vierbeiner muss rechtzeitig gefunden werden.

Kosten Schlussendlich dann auch die Frage: Können Sie sich einen Retriever finanziell leisten? Die Kosten erschöpfen sich nicht in Kaufpreis und Futter (→ Info unten). Rechnen Sie immer auch mit unerwarteten Ausgaben für Krankheit, Unfall oder Operation. Sie können allerdings bei einigen Versicherungen eine Operations- und Tierarztkostenversicherung abschließen.

Laufende **Kosten**

Dieses sind geschätzte oder selbst aufgebrachte Kosten, sie können natürlich variieren:

FUTTER Ca. 50–60 € monatlich (mit Leckerchen)

STEUER Je nach Gemeinde ca. 50–90 € jährlich

TIERARZT Regelmäßiges Impfen und Entwurmen, 1 bis 2-mal jährlich, dazu kleinere Behandlungen wie z. B. Ohrenentzündungen, Bindehautreizungen etc. Rechnen Sie mit ca. 200 € pro Jahr.

HUNDESCHULE/VEREIN Ca. 50–80 € jährlich

HUNDEHALTERHAFTPFLICHTVERSICHERUNG Je nach Deckungssumme und Selbstbehalt zwischen 60 und 90 Euro. Der Deutsche Retriever Club (DRC e. V.) bietet seinen Mitgliedern eine Gruppenversicherung über den Verein an. Die Beiträge liegen zwischen 35 und 41 Euro.

Ein Retriever soll es sein

Haben Sie sich für einen Retriever begeistern können, dann ist für eine gelungene Partnerschaft noch einiges bei der Anschaffung und Pflege zu beachten. Auf den folgenden Seiten erfahren Sie das Wichtigste für einen guten Start in den Alltag.

Der Kauf beim Züchter

Wenn Sie sich für einen Retriever-Welpen entscheiden, sollten Sie sich nicht von Zeitungsanzeigen oder preiswerten Angeboten »aus Hobbyzucht – ohne Papiere« verführen lassen. Sie möchten schließlich einen Retriever wegen ganz bestimmter Eigenschaften und Wesensmerkmale, wie Temperament und Familiensinn, fehlende Schärfe und Leichtführigkeit, aber auch wegen des Erscheinungsbildes und geringen Pflegeaufwands. Und einen solchen sollen Sie auch bekommen.

Warum ein guter Züchter wichtig ist

Einen gesunden Retriever mit den oben genannten Qualitäten erhalten Sie sicher bei einem Züchter, der dem Verband für das Deutsche Hundewesen (VDH) angeschlossen ist. Dort erhalten Sie auch Adressen von Vereinen, die sich auf die Zucht von Retriever-Rassen spezialisiert haben (→ Seite 62).

Nur diese Vereine gewährleisten eine strenge Zuchtordnung, die die Grundlage für erbgesunde Tiere darstellt. So müssen die Elterntiere beispielsweise bestimmte Gesundheitsuntersuchungen vorweisen, wie eine Untersuchung auf Hüftgelenksdysplasie (HD), Ellbogendysplasie (ED) oder auf vererbbare Augenerkrankungen (→ Seite 40). Ein unabhängiger Gutachter kontrolliert und befundet die Ergebnisse. Nur wenn die Tiere gesund sind, erhalten sie eine Zuchtzulassung, und es darf mit ihnen gezüchtet werden. Darüber hinaus werden die zukünftigen Elterntiere einem Formwert unterzogen, das heißt, ein besonderer Richter begutachtet das korrekte, dem Standard entsprechende Erscheinungsbild, sie müssen einen Wesenstest absolvieren und bestimmte Prüfungen ablegen. So wird nach Kräften gewährleistet, dass Sie einen gesunden, typischen Retriever-Welpen bekommen.

Ein Wurf gesunder, aktiver Welpen beim Spiel. Neugierig erkunden sie den Welpenauslauf und begrüßen jeden Besucher freudig.

Alle Untersuchungs- und Prüfungsergebnisse werden in einer umfassenden Datenbank gesammelt, die öffentlich zugänglich ist. Dadurch ist eine hohe Transparenz und Nachvollziehbarkeit gewährleistet. Jeder Interessierte kann nachsehen, wie gesund die Elterntiere und deren Geschwister sind, und Rückschlüsse auf die zu erwartenden Welpen ziehen. Alle Retrieververeine bieten auf ihren Internetseiten weitere umfassende Informationen über die Zucht und die Züchter. So kann man sich z. B. bequem die Welpenliste und die zu erwartenden Würfe ansehen, und Sie können schon im Vorfeld mit dem Züchter, der aufgrund dieser Informationen für Sie infrage kommt, Kontakt aufnehmen. Jeder Züchter musste vor Erteilung der Zuchterlaubnis spezielle Seminare besuchen, sodass er Ihre Fragen fundiert beantworten kann. Darüber hinaus wurde die Zuchtstätte von einem dafür besonders geschulten Beauftragten auf bestimmte Gesichtspunkte geprüft und abgenommen. Ohne diese Zuchtstättenabnahme wird keine Zuchtgenehmigung erteilt.

Sie sehen, die dem VDH angehörenden Vereine und die dortigen Züchter betreiben einen enormen Aufwand. Daraus resultiert auch der – auf den ersten Blick – recht hohe Welpenpreis. Für einen Retriever müssen Sie zwischen 1200 und 1400 Euro bezahlen. Darin enthalten sind allerdings neben der Betreuung, Aufzucht der Mutterhündin und deren Welpen auch die notwendigen Impfungen, die Ahnentafeln (Abstammungsnachweis) der Welpen und die Registrierung beim entsprechenden Verein. Lassen Sie sich vom Preis nicht abschrecken, legen Sie diese Kosten auf ein Jahr um, dann relativieren sie sich.

Welpen aus einer nicht kontrollierten Zucht können enorme Tierarztkosten verursachen, die den Anschaffungspreis um ein Mehrfaches übersteigen. Das liegt daran, dass die Gefahr, einen Welpen zu kaufen, der an einer vererbbaren Krankheit leidet, sehr groß ist.

Einen guten Züchter erkennen

Auch wenn Sie sich für einen Retriever aus einer VDH-Zucht entschieden haben, rate ich Ihnen, sich Ihren zukünftigen Züchter gut anzuschauen. Nicht jeder liegt einem. Telefonieren Sie mit ihm, besuchen Sie ihn, lernen Sie ihn, seine Familie und die Mutterhündin kennen. Die Züchter werden Sie sicher zu einem Besuch einladen, um Sie persönlich kennenzulernen. Dabei können Sie auch gleichzeitig die Zuchtstätte besichtigen.

Worauf achten beim Besuch des Züchters?

> Sehen die Welpen gesund aus (→ Checkliste, Seite 23)?

› Wie sieht das Zimmer aus, in dem die Welpen zur Welt kommen sollen? Es sollte sauber, aber auch hell, freundlich und geräumig sein. Steht vielleicht bereits eine Wurfkiste dort, die mit sauberen Tüchern oder Ähnlichem ausgelegt ist?

› Verfügt der Züchter über einen Welpenauslauf innerhalb des Hauses mit direktem Zugang zum Außengelände? Das ist ideal, weil die Welpen dann sowohl innerhalb der Familie aufwachsen, als auch schon auf eigene Faust die Welt außerhalb des Wurfzimmers erkunden können. So werden sie auch schon ganz nebenbei auf Umweltreize wie z. B. Staubsaugergeräusche oder unterschiedliche Untergründe im Garten geprägt.

› Begutachten Sie auch die Mutterhündin. Ist sie zutraulich und freundlich? Macht sie einen gesunden und agilen Eindruck?

Worauf achten beim Züchter selbst?

› Ein gewissenhafter Züchter nimmt sich viel Zeit für Sie und wird Ihnen gern von sich aus alle Papiere und Untersuchungsergebnisse seiner Hündin zeigen und mit Ihnen durchsprechen. Auch die Ahnentafel wird er Ihnen erläutern.

› Er steht Ihnen auch nach dem Kauf mit Rat und Tat zur Seite und hilft Ihnen mit vielen Tipps über die ersten Hürden hinweg.

› Er kann Ihnen vieles über den Deckrüden erzählen und erklären, warum gerade dieser Rüde der richtige Vater für den Wurf ist.

› Ein gewissenhafter Züchter züchtet nur ein oder zwei Rassen, auch hat er nicht ständig Welpen abzugeben.

› Er sollte vieles von Ihnen wissen wollen, schließlich vertraut er Ihnen ein kleines Lebewesen an und überträgt Ihnen somit auch eine große Verantwortung. Keinesfalls sollte er Ihnen schon beim ersten Gespräch am Telefon eine Kaufzusage erteilen. Je besser Sie sich kennenlernen, desto besser kann man eine Entscheidung treffen.

Die Wahl des richtigen Welpen

Rüde oder Hündin? Diese Frage wird sich stellen, wenn Sie einen Züchter gefunden haben. Bedenken Sie zunächst einen pragmatischen Gesichtspunkt:

Welpen sollten so getragen werden, dass die Wirbelsäule gestützt wird. Mit der anderen Hand stützt man den Po. So vermitteln Sie dem Kleinen ein sicheres Gefühl.

› Leben in Ihrer Wohngegend viele Rüden, dann haben Sie es mit einer Hündin ungleich schwerer. Sie müssen auf jeden Fall in der Zeit der Läufigkeit (zweimal jährlich ca. drei Wochen lang) mit aufdringlichen Rüden rechnen. In dieser Zeit sollten Sie dann mit der Hündin nicht unbedingt zu den üblichen Gassizeiten spazieren gehen und auch die beliebten Spazierwege meiden. Es kann Ihnen durchaus passieren, dass verliebte Rüden Ihre Haustür und Ihren Garten belagern und nur auf eine günstige Gelegenheit warten, um die Angebetete beglücken zu können. Aber auch Ihre Hündin kann auf Abenteuer erpicht sein und sich heimlich aus dem Staub machen, um die Freier zu einem Rendevouz einzuladen.

Mit einem Rüden haben Sie es in einem solchen Umfeld leichter.

› Wohnen viele Hündinnen in der Nähe, wird ein Rüde sehr unter den Läufigkeiten der Damen leiden. Das kann so weit gehen, dass er nicht mehr frisst, jammernd in der Wohnung herumläuft und draußen nichts mehr hört oder sieht – außer dem unwiderstehlichen Duft der läufigen Hündinnen. Dann kann er auch schon mal seine gute Erziehung vergessen und dem betörenden Parfum einer der Damen hinterhereilen.

Letztlich ist es aber auch eine Bauchentscheidung: Tendieren Sie mehr zu Hündinnen oder Rüden? Ich selbst bevorzuge Rüden und lebe mit meinen vier »Jungs« sehr zufrieden zusammen.

Selbstbewusst oder unterordnungsbereit?

Häufig wird gerade Ersthundebesitzern geraten, sich für eine Hündin zu entscheiden, da sie leichter zu erziehen seien. Ich kann das nicht bestätigen. Es kommt vielmehr darauf an, wie viel Selbstbewusstsein der Welpe von sich aus schon hat. Es ist nur natürlich, dass jedes Rudelmitglied – egal ob Rüde oder Hündin – von Zeit zu Zeit testet, ob es in der Rangfolge aufsteigen kann. Dann ist Ihre Konsequenz gefragt, dieses Verhalten in die richtigen Bahnen zu lenken und dem Hund liebevoll seinen Platz innerhalb der Familie klarzumachen. Selbstbewusste Hunde, sogenannte Kopfhunde, die sich schon in der Wurfkiste den Geschwistern gegenüber durchsetzen, stellen den Hundebesitzer vor größere Schwierigkeiten als die Mitläufer, die sich bereits im Welpenrudel unterordneten.

Retriever-Welpen wollen alles erkunden und untersuchen. Sie tragen von Anfang an jeden Gegenstand mit Begeisterung durch die Gegend.

Lassen Sie sich auch in diesen Fragen vom Züchter beraten und helfen. Er kennt seine Welpen sehr gut und kann einschätzen, wie sie sich entwickeln werden und welcher am besten zu Ihnen passt, da er sich während der achtwöchigen Aufzucht intensiv mit ihnen beschäftigt.

Welpentest Viele Züchter lassen am 49. Tag einen Welpentest von einem erfahrenen Kollegen durchführen. Der Tester wird deren Verhalten in unterschiedlichen Situationen objektiv beurteilen. So wird er unter anderem testen, wie sich die Welpen allein, ohne ihre Geschwister, in unbekanntem Gelände verhalten. Sind sie ängstlich oder neugierig und unbefangen. Er wird beobachten, wie stark ihr Menschenbezug ausgeprägt ist, ob sie sich ihm anschließen oder auf eigene Faust Erkundungen unternehmen? Reagieren sie in milden Stresssituationen eher ängstlich, oder bleiben sie gelassen und selbstbewusst? Erholen sie sich schnell von einem Schreck, oder erstarren sie vor Angst? Und zu guter Letzt: Haben sie Interesse an Beute und verfügen sie über den retrievertypischen Bringtrieb?

Mithilfe dieser Beobachtungen kann der Tester den Charakter der Welpen beurteilen. Zusammen mit den Beobachtungen des Züchters kann jeder Welpe sehr gut eingeschätzt und der für ihn passenden Familie zugeordnet werden.

Dem Urteil des Züchters können Sie vertrauen, denn es ist ja auch in seinem Interesse, dass Sie den richtigen Welpen bekommen. Vielfach haben Sie auch die Möglichkeit, die Welpen mehrmals zu besuchen, mit ihnen zu spielen und sie dabei ein wenig kennenzulernen. So gewinnen auch Sie einen kleinen Einblick und Ihre Vorliebe für einen Welpen, die im Lauf der Zeit wächst, wird vom Züchter ebenso berücksichtigt werden wie das Testergebnis und seine Beobachtungen.

Einen gesunden **Welpen erkennen**

MERKMAL	SO SOLL ES SEIN
VERHALTEN	Die Welpen sollten in den Wachphasen aktiv sein und einen munteren Eindruck machen. Sie sollten neugierig auf Besucher reagieren.
ERNÄHRUNG	Sie sollten proper genährt aussehen, auf keinen Fall dürfen sie mager sein, die Rippen dürfen nicht sichtbar sein.
FELL	Das Fell sollte glatt anliegen, glänzen und keine kahlen Stellen aufweisen. Der Welpe sollte sich nicht übermäßig kratzen.
AUGEN	Die Augen sollten glänzen und keinen Ausfluss haben.
NASE	Die Nase sollte glänzen und keinen Ausfluss haben.
KÖRPER-GERUCH	Welpen riechen normalerweise angenehm. Vorsicht, wenn der Körpergeruch unangenehm ist, dann kann der Welpe krank oder schlecht gepflegt sein.

Ausstattung für einen guten Start

Pflege

Für alle Retriever-Rassen benötigen Sie einen Metallkamm und eine weiche Bürste mit abgerundeten Borsten (Zoofachhandel), um die Unterwolle herauszukämmen und um den Hund im Fellwechsel zu unterstützen. Hat sich eine Zecke in der Haut festgebissen, drehen Sie sie mit einer speziellen Zeckenzange heraus.

Schlafplatz

Geeignet sind Körbchen oder besser noch Kennel (→ Seite 27). Sollten Sie sich für einen Korb entscheiden, nehmen Sie keinen Weidenkorb, denn der Welpe wird seine Zähne an ihm ausprobieren. Besser ist eine Liegeschale oder eine Kudde aus Kunststoff. Legen Sie ein Vetbed oder ein Hundekissen hinein.

Spielzeug

Das Spielzeug für den Welpen darf keine Einzelteile wie Augen bei Plüschtieren enthalten, die der Hund demontieren und verschlucken kann.

Halsband

Sie brauchen ein fest-
stehendes Welpenhalsband
und eine Leine. Achten Sie
darauf, dass das Halsband einen
Schnellverschluss hat und dass es nicht
zu eng sitzt. Die Leine darf nicht zu
kurz sein. Nehmen Sie das Halsband immer ab, bevor der
Hund spielen darf.

Pfeife

Viele Retriever-
züchter konditionie-
ren ihre Welpen auf den
Komm-Pfiff, indem sie die Kleinen
mit der Pfeife zum Futter rufen.
Behalten Sie diesen Pfiff bei,
damit Ihr Hund schnell zu
Ihnen kommt, wenn
Sie pfeifen.

Näpfe

Die Näpfe für Futter
und Wasser sollten nicht
aus Plastik bestehen. Besser sind
schwerere Keramiknäpfe oder Näpfe
aus Edelstahl. Sie lassen sich einfacher und hygienischer reinigen
und rutschen nicht über den
Boden, während der
Hund frisst.

Der Welpe zieht ein

Nach acht langen Wochen des Wartens ist es endlich so weit: Das neue Familienmitglied soll kommen. Die Grundausstattung liegt bereits an Ort und Stelle und auch die Wohnung haben Sie welpensicher gemacht.

Gefahren vermeiden In der Wohnung haben Sie Treppenauf- und -abgänge mithilfe von Gittern gesichert. Giftige Zimmerpflanzen wie z. B. Azalee, Begonie, Dieffenbachie, Drachenbaum, Efeutute,

Gummibaum, Philodendron oder Yucca haben Sie hochgestellt oder ausquartiert. Gefahrenquellen wie Chemikalien, Putzmittel oder spitze Gegenstände sind so gut wie möglich verräumt.
Auch im Garten haben Sie giftige Pflanzen oder den Gartenteich mit einem Gitter für den Welpen unerreichbar gesichert. Welche Pflanzen neben Buchsbaum, Efeu, Eibe, Fingerhut, Holunder, Hyazinthe, Krokus oder Liguster noch giftig sind, erfahren Sie bei Ihrem Tierarzt oder im Internet (www.giftpflanzen.ch).

Der Heimtransport

Planen Sie die Abholung des kleinen Rackers schon im Vorfeld. Nach Möglichkeit sollten Sie zu zweit sein. Eine Person fährt das Auto, eine zweite hält den Welpen auf dem Schoß oder legt ihn vor sich auf einer Decke in den Fußraum des Wagens. Sie können das Baby auch in eine spezielle Transportbox legen – diese benötigen Sie für Bahn- und Flugreisen auf jeden Fall. Vermeiden Sie aber, den Welpen ungeschützt in das Heck des Autos zu setzen. Er purzelt sonst in den Kurven durch den Font. Das fördert das Unwohlsein, er kann anfangen zu würgen und dadurch eine Abneigung gegen Autofahrten entwickeln oder sich sogar verletzen. Planen Sie genügend Pausen ein. Spätestens alle zwei Stunden müssen Sie dem Welpen die Gelegenheit geben, sein Geschäft zu verrichten und ihm etwas zu trinken anbieten.

Noch etwas unsicher erkundet der Welpe sein neues Heim. Lassen Sie ihm Zeit dazu, beobachten Sie ihn.

Die ersten Stunden zu Hause

Zu Hause angekommen, achten Sie darauf, dass sich die restliche Familie nicht mit begeistertem Hurra auf den Kleinen stürzt! Lassen Sie ihn erst einmal ankommen. Schließlich ist das Baby das erste Mal ganz allein, getrennt von der Mutter und den Geschwistern, und muss diese neue Situation zunächst verarbeiten.

Gewöhnen Sie ihn langsam an seine neue Umgebung, indem Sie ihn selbstständig die Wohnung erkunden lassen. Bieten Sie ihm einen Rückzugsort, an dem er ungestört zur Ruhe kommen kann. Ideal ist es, wenn Sie bereits im Vorfeld ein T-Shirt oder ein Tuch beim Züchter in die Wurfkiste gelegt hatten, damit es den vertrauten Geruch annimmt. Dieses Tuch legen Sie dem Welpen zunächst an seinen Schlafplatz. Der Duft wird ihn in der für ihn noch fremden Umgebung beruhigen.

Ein Wort zum Hundebett Viele »neue« Hundeeltern kaufen ihrem Liebling ein tolles Hundekörbchen, möglichst aus Weide, oder ein dickes Hundeliegekissen, damit es der Welpe kuschelig hat. Ich rate Ihnen jedoch zu einem Zimmerkennel. Er sieht zwar martialisch aus, hat aber sehr viele Vorteile:
› Er lässt sich verschließen und der Welpe ist so mit vor Gefahren geschützt, die auftreten können, wenn Sie anderweitig kurz beschäftigt sind und der Welpe durch die Wohnung stromert.
› Der Kennel ist eine tolle gemütliche Höhle für den Welpen, in der er sich geborgen fühlt. Ich lege immer ein Tuch darüber. Das schützt vor Zugluft und sorgt für den heimeligen »Höhleneffekt«. Dort kann sich der Welpe entspannen.
Trotzdem wird er wahrscheinlich in der ersten Zeit jammern, wenn Sie ihn zum Schlafen oder Pausieren in den Kennel legen. Seien Sie aber von Anfang an konsequent und ignorieren Sie ihn. Schnell wird

Können Sie den Welpen einige Zeit nicht beaufsichtigen, sollten Sie ihm einen sicheren Rückzugsort bieten. Hierfür ist ein Kennel eine große Hilfe.

er sich daran gewöhnen, dass der Kennel seine Auszeit ist, und er wird zur Ruhe kommen.
› Schlussendlich hilft der Kennel bei der Erziehung zur Stubenreinheit (→ unten).

Stubenrein werden

Kein Welpe beschmutzt sein Bett. Deshalb wird der Kleine sich melden, wenn er mal muss und in seinem Kennel liegt, den er nicht selbstständig verlassen kann. Als Faustregel sollten Sie den Welpen in der ersten Zeit alle zwei Stunden, außerdem nach jedem Schlafen, nach jedem Fressen und nach jedem Spiel dazu animieren, sich zu lösen.
Bemerken Sie, dass der Kleine unruhig wird, dann nehmen Sie ihn hoch und tragen ihn an den für ihn bestimmten Löseplatz. Das kann der Garten – oder eine bestimmte Stelle dort – sein, das kann für die erste Zeit aber auch eine Katzentoilette sein. Las-

sen Sie ihn nicht selbst laufen, nachdem er sich gemeldet hat, sondern tragen Sie ihn. Ansonsten geht die Sache garantiert schief, denn der Welpe wird sich dorthin hocken, wo er gerade steht, und sein Wässerchen laufen lassen. Ermuntern Sie ihn, an der erlaubten Stelle sein Geschäft zu erledigen, und loben Sie ihn ausgiebig, wenn er es tut. Gewöhnen Sie ihn daran, dass er sich auch an der Leine löst und nicht damit spielt. Vielfach erfordert es die Sicherheit, den Hund anzuleinen.

Nach dem Lösen sollten Sie mit dem Welpen noch einige Zeit draußen spielen. Dann beeilt er sich mit seinem Geschäft, um in den Genuss des Spielens zu kommen. Aber bitte nicht zuerst spielen und ihn nach dem Lösen schnell wieder in die Wohnung bringen. Sonst kann es sein, dass das clevere Tierchen die Erledigung seiner Geschäfte draußen »vergisst« und dann im Wohnzimmer nachholt.

Gestalten Sie die Spaziergänge abwechslungsreich. Der Welpe kann seinen Gleichgewichtssinn trainieren, indem Sie mit ihm über Hindernisse steigen.

Bindungsspaziergänge

Nehmen Sie den Welpen nach den ersten Tagen mit nach draußen in die Natur. Nutzen Sie seinen Folgetrieb und gehen Sie ohne Leine mit ihm durch die Wiesen. Er wird Ihnen aufmerksam folgen. Sollte er abgelenkt sein, nutzen Sie die Gelegenheit und verstecken sich. Er wird Sie sofort suchen und dann verstärkt aufpassen, wo Sie sich befinden. Gestalten Sie die Spaziergänge für Ihren Welpen spannend, machen Sie daraus ein Abenteuer. Klettern Sie z. B. zusammen mit ihm über kleine, am Boden liegende Stämme, oder durchwaten Sie schmale Bäche. Je intensiver Sie sich mit ihm beschäftigen, desto enger wird die Bindung werden.

Dauer der Spaziergänge Lassen Sie sich von dem munteren Kerlchen nicht dazu verführen, lange und ausgiebige Spaziergänge zu unternehmen. Wenn der Kleine die ersten Ermüdungserscheinungen

Was der Welpe lernen muss

AUF SEINEN NAMEN HÖREN Sprechen Sie den Welpen dazu mit seinem Namen an. Reagiert er auf Ihre Ansprache, belohnen Sie ihn sofort. Bleiben Sie immer bei einer Version des Namens, verniedlichen Sie ihn nicht (Endung -lein oder -chen). Nur so lernt der Welpe, wie er heißt.

»NEIN« LERNEN Stellt Ihr Welpe gerade etwas Verbotenes an, sagen Sie ruhig, aber entschieden »Nein« und nehmen ihm den Gegenstand, den er gerade bearbeiten will, weg. Bieten Sie ihm im Gegenzug etwas als Alternative an. Oder Sie rufen ihn mit dem Kommando »Hier« zu sich. Setzen Sie immer seinen Namen vor das »Nein« oder das alternativ gegebene Kommando, sonst meint er, dass er »Nein« heißt.

zeigt, ist es schon zu viel für ihn gewesen. Als Faustregel gilt: fünf Minuten pro Lebensmonat: Das heißt, dass Sie z. B. mit einem viermonatigen Welpen maximal 20 Minuten am Stück spazieren gehen dürfen. Darin nicht eingerechnet sind natürlich die Zeiten, die Sie mit Ihrem Welpen zu Hause oder im Garten schmusen und spielen.

Achtung Im ersten Jahr sollte Ihr Welpe möglichst keine Treppen steigen oder hinunterlaufen. Ebenso soll er nicht am Rad laufen oder mit Ihnen joggen bzw. in das Auto hinein- oder herausspringen. Die Knochen und Gelenke sind noch nicht ausreichend gefestigt und sollten so schonend wie möglich be-

handelt werden. Solange es geht, sollten Sie Ihren Kleinen über Treppen tragen. Wird er zu schwer, kann er kontrolliert an der Leine, besser an einem Geschirr, Stufe für Stufe die Treppen bewältigen.

Den Welpen richtig füttern

In der ersten Zeit sollte der Welpe viermal täglich sein Futter bekommen. Vernünftig ist es, genau das Futter zu geben, das er vom Züchter her kennt. Der kleine Hund muss so viele Veränderungen verkraften, da wäre ein neues Futter eine Stufe zu viel, er kann mit Durchfall auf die Umstellung reagieren. Weitere Informationen zur Fütterung → Seite 32.

Lassen Sie den Welpen so viele Umwelteindrücke wie möglich sammeln. So wird er sicher im alltäglichen Umgang. Für seine weitere Entwicklung sind alle Erfahrungen, die er jetzt sammelt, von Bedeutung.

Alltag mit dem Retriever

Nachdem sich der Kleine eingelebt hat, sollten Sie für eine gewisse Regelmäßigkeit im Tagesablauf sorgen. Das schafft Sicherheit und Entspanntheit. Füttern Sie Ihren Hund zu bestimmten Zeiten. Sie müssen sich dabei nicht sklavisch an die gleiche Uhrzeit halten, doch die Fütterung sollte innerhalb eines bestimmten Zeitraums liegen. So können Sie auch etwas die Gassizeiten steuern, außerdem fordert der Hund nicht pünktlich seine Mahlzeiten ein. Ich würde empfehlen, dass Sie morgens und abends Ihren Hund Gassi führen, ihn anschließend füttern und dann Ihrer Tätigkeit nachgehen.

Nur wenn der Welpe noch nicht stubenrein ist, müssen Sie ihn nach dem Fressen zum Lösen bringen. Diese Zeit vergeht aber recht schnell.

Alleinbleiben lernen

Der Hund muss lernen, auch mal einige Zeit allein zu Hause zu sein, ohne dass er die Wohnung umdekoriert oder die halbe Nachbarschaft unterhält. **So geht's** Fangen Sie damit an, dass Sie mal eben in die Küche gehen und dabei die Tür schließen. Der Hund bleibt außerhalb der Küche in seinem Kennel oder Körbchen bzw. auf seinem Schlafplatz. Bevor der Hund unruhig wird, gehen Sie wieder zu ihm und loben ihn kräftig. Allmählich dehnen Sie den Zeitraum, in dem Sie in einem anderen Raum sind, aus, bis Sie – immer noch zur Übung – auch mal die Wohnung verlassen. Geben Sie dem Hund etwas zur Ablenkung – z.B. einen Kong (Zoofachhandel), den Sie mit Quark füllen und dann einfrieren. Damit ist der Hund beschäftigt.
Machen Sie kein Aufhebens um Ihr Kommen und Gehen, es muss für den Hund alltäglich werden.

In die Stadt gehen

Zu einem alltagstauglichen Hund gehört, dass er Sie bei Einkäufen oder beim Stadtbummel begleitet. Dazu müssen Sie ihn aber zuerst an Verkehr, Fahren mit Auto, Bus, Bahn und Lift, an Lärm und Menschenmengen gewöhnen.

Der Hund muss lernen, sich auch allein zu beschäftigen. Mit dem passenden Spielzeug klappt das hervorragend und er langweilt sich nicht.

So geht's Nehmen Sie den Welpen mit, wenn Sie kleine Einkäufe machen. Zeigen Sie ihm den Bahnhof, die Züge. Beweisen Sie ihm, dass man vor Autos oder lauten Lkws keine Angst haben muss, indem Sie in allen Situationen gelassen und entspannt bleiben und nicht auf Ängste Ihres Hundes eingehen. Dann wird er schnell begreifen, dass sich Aufregung nicht lohnt. Ebenso ungefährlich sind Menschenansammlungen oder enge Passagen. Nehmen Sie Ihren Vierbeiner überallhin mit, wo es möglich ist, und gewöhnen Sie ihn dosiert an diese Umweltreize. Je mehr Sie Ihrem Hund davon zeigen und ihn damit vertraut machen, desto souveräner wird er in allen Lebenslagen reagieren.

Retriever und Urlaub

Selbstverständlich möchten die meisten Hundehalter ihren Vierbeiner mit in den Urlaub nehmen. Für Reisen mit Auto, Bahn oder Flugzeug gewöhnen Sie Ihren Hund rechtzeitig an eine Box.

Wichtig Erkundigen Sie sich frühzeitig nach den Bestimmungen im Urlaubsland, die den Hund betreffen, besonders nach speziellen Vorsorgemaßnahmen gegen Ungeziefer und nach Impfungen.

Hundebetreuung zu Hause Können oder wollen Sie den Hund nicht mitnehmen, sollten Sie sich frühzeitig nach einer Alternative umsehen.

› Dogsitter kommen entweder zu Ihnen in die Wohnung oder holen den Hund zu sich nach Hause. Lernen Sie den Urlaubsbetreuer kennen, gehen Sie gemeinsam mit ihm und dem Hund spazieren.

› Suchen Sie eine gute Hundepension in der Nähe und lassen Sie Ihren Hund evtl. schon einmal probeweise einen Tag oder ein Wochenende dort. Stellen Sie neben der tierärztlichen Betreuung sicher, dass die Tiere Auslauf, Beschäftigung und Kontakt zu Artgenossen haben und nicht im Zwinger leben.

Hund und Kind

TIPPS VON DER RETRIEVER-EXPERTIN
Petra Soons

Auch wenn Retriever gute Familienhunde sind, sollten Sie folgende Punkte beachten, wenn Ihr Kind und der Hund zusammen sind.

NUR UNTER AUFSICHT Hund und Kind vertragen sich in der Regel bestens. Trotzdem sollten Sie als Eltern beide niemals allein lassen. Allzu schnell kann es passieren, dass selbst der besterzogene Hund nach dem Kind schnappt.

RANGORDNUNG Werden die Kinder älter und dominanter, treten Probleme in der Rangordnung auf, denn der Hund will sich die höhere Position sichern. Dann müssen Sie eingreifen und ihm seinen Rang zuordnen. Achten Sie darauf, dass Kinder nicht eigenständig dem Hund Kommandos geben. In aller Regel können sie sich dem Hund gegenüber nicht durchsetzen, somit wird die Rangordnung aufgeweicht.

RUHE RESPEKTIEREN Sorgen Sie dafür, dass Kind wie Hund einen Rückzugsort (Kinderzimmer/Körbchen) haben, den der andere jeweils respektiert und an dem keiner vom anderen gestört werden darf.

Den Retriever richtig ernähren

Über die Ernährung des Hundes gibt es so viele Ansichten, wie es Hundehalter gibt. Grundsätzlich halte ich es bei der Ernährung meiner Hunde wie bei mir: Sie soll abwechslungsreich sein, alle notwendigen Nährstoffe enthalten und schmecken. Beobachten Sie Ihren Hund, dann werden Sie schnell herausfinden, welches Futter er bevorzugt und ob es ihm auch gut bekommt.

Futterzusammensetzung

Beachten Sie bitte, dass eine einseitige Ernährung auf Dauer zu Mangelerscheinungen und Erkrankungen führt. Die Ernährung des Hundes sollte sich deshalb aus fleischlichen und pflanzlichen Bestandteilen zusammensetzen und über ausreichend Nährstoffe verfügen. Der Nährstoffbedarf ändert sich mit dem Alter.

Nährwerte eines ausgewogenen Welpenfutters
› Kalzium etwa 1,35 Prozent
› Phosphor etwa 1 Prozent
› Rohprotein etwa 28 Prozent
› Rohfett etwa 18,5 Prozent
› Rohfaser etwa 3 Prozent

Nährwerte für einen erwachsenen Hund
› Kalzium etwa 1,5 Prozent
› Phosphor etwa 1 Prozent
› Rohprotein etwa 25 Prozent
› Rohfett etwa 10,5 Prozent
› Rohfaser etwa 3,5 Prozent

Trockenfutter

Die im Handel erhältlichen Trockenfuttersorten eignen sich gut als Alleinfuttermittel. Sie enthalten alle nötigen Nährstoffe, Vitamine und Spurenelemente für den Hund. Achten Sie darauf, dass sie keine oder möglichst wenig künstliche Aroma-, Farb-, Lock- und Geruchsstoffe enthalten. Zucker, Tiermehl, Soja und Konservierungsstoffe sollten ebenfalls nicht darin vorkommen.

Die tägliche Futtermenge Sie richtet sich nach dem Gewicht Ihres Hundes und seiner Aktivität. Sportliche Hunde mit viel Auslauf benötigen bei gleichem Körpergewicht mehr Futter als Artgenossen, die nur wenig gefordert werden. Orientieren Sie sich bei der Dosierung an den Angaben auf der Packung. Es spricht aber nichts dagegen, auch ein

---

Leckerlis richtig geben

Jeder Hund bekommt Leckerchen zur Belohnung. Das ist wichtig, um dem Hund begreiflich zu machen, dass er etwas besonders gut gemacht hat.

WAS? Als Belohnungshappen eignen sich besondere Snacks aus dem Zoofachhandel, gekochte Hühnerherzen, Leckereien aus der Futtertube oder das ganz normale Trockenfutter. Als Snack für zwischendurch gibt es auch Schweineohren oder Ochsenziemer oder Kauknochen aus Rinderkopfhaut, an denen der Hund besonders lange knabbern kann und die auch für die Zahnpflege wichtig sind.

WIE VIEL? Behalten Sie die Menge der verteilten Leckereien immer im Auge und ziehen Sie sie von der eigentlichen Tagesration an Futter ab. Sonst kann es schnell passieren, dass Ihr Vierbeiner zu viel Speck ansetzt.

Achten Sie darauf, dass der Hund Leckerchen vorsichtig aus der Hand nimmt. Üben Sie dies mit unterschiedlich großen Häppchen.

Nutzen Sie die Fütterungen, um Ihren Retriever zu beschäftigen. Verstecken Sie zum Beispiel den Napf im Freien und lassen Sie Ihren Hund danach suchen.

hochwertiges Trockenfutter mit Quark, Joghurt oder Obst aufzupeppen.

Dosenfutter

Ich bin kein Freund von Dosenfutter, denn der Nährstoffanteil reicht nicht aus, um den Hund optimal zu versorgen. Auch verträgt es nicht jeder, manche reagieren darauf mit Durchfall. Wollen Sie dennoch Dosenfutter geben, ergänzen Sie es mit Trockenfutter oder beispielsweise Hundeflocken.

Biologisch artgerechtes Rohfutter

BARF ist eine weitere Möglichkeit, seinen Hund gesund zu ernähren. Dabei wird komplett auf jede Art von Fertigfutter verzichtet.
Ein BARF-Futterplan muss für jeden Hund individuell erstellt werden. Er richtet sich nach dem Gewicht des Hundes, seiner Konstitution und Belastung. Sie müssen die Nährwerte auf eine Woche hochrechnen, einmal pro Woche wird ein Fastentag eingelegt.

Ansonsten teilen Sie die Mahlzeiten wie folgt auf:
› 4 reine Fleisch-Knochen-Mahlzeiten
› 4 Fleisch-Knochen- und Gemüse-Mahlzeiten
› 4 Getreide-Milchprodukte-Mahlzeiten
› zusätzlich geben Sie Kräuter, Öle und Vitamine
Das Gemüse sollte 10 bis 25 Prozent und Fleisch/Knochen 75 bis 90 Prozent der Gesamtration ausmachen. Der Knochenanteil sollte etwa 10 bis maximal 15 Prozent betragen.
Achtung Verfüttern Sie keine Reste von Ihren Mahlzeiten an den Hund. Die Speisen sind zu sehr gewürzt. Sie können aber ab und an übrig gebliebene gekochte Kartoffeln oder Nudeln geben. Beachten Sie dies aber bei der Kalorienberechnung.

Trinken

Ihr Hund muss ausreichend Wasser zur Verfügung haben. Das gilt besonders, wenn er überwiegend oder ausschließlich Trockenfutter erhält, denn die Brocken quellen im Magen auf. Sorgen Sie dafür, dass der Napf stets mit frischem Wasser gefüllt ist.

Einmaleins der Pflege

Jeder Hund benötigt regelmäßige Körperpflege. Sie dient nicht nur der Hygiene und Schönheit, sondern auch der Gesundheitsvorsorge. Zudem hat sie große soziale Bedeutung, denn sie festigt die Bindung zwischen Hund und Mensch.

Richtig trimmen Golden und Flat-Coated Retriever werden nicht einfach geschoren, sondern getrimmt. Das ist ein Unterschied, denn beim Trimmen arbeitet man die abgestorbene Unterwolle heraus und formt die Konturen, beim Scheren wird nur die Haarlänge insgesamt gekürzt. Zum Trimmen benötigen Sie eine Effilierschere, um harte Über-gänge und Kanten zu vermeiden, eine Schere mit glatten Schneiden für die Konturen sowie Kamm und Bürste. Mit einem sogenannten »Furminator« (→ Tabelle, Seite 55) lässt sich die lose Unterwolle herausarbeiten. Wie Sie beim Trimmen vorgehen, ersehen Sie aus den Fotos rechts. Am besten lassen Sie sich das Trimmen vom Züchter zeigen.

Bürsten und Kämmen Fahren Sie mit der Bürste in langen gleichmäßigen Strichen in Haarwuchsrichtung. Beginnen Sie an Kopf und Hals, gehen Sie dann weiter über den Rücken und die Seiten bis zur Rutenspitze. Das Ganze wiederholen Sie mit dem Kamm. Durch die gleichmäßigen Striche vermitteln Sie dem Hund ein wohliges Gefühl.

Pflege der Rassen

Golden und Flat-Coated Retriever Vor allem diese beiden Rassen werden getrimmt. Dennoch ist die Pflege einfach, weil es keine aufwendigen Frisuren oder Haarschnitte gibt. Lediglich Pfoten und Sprunggelenke, Rute, Ohren, Hals, Schulter und Brustbereich werden getrimmt. Das aus dem Ohrinneren herauswachsende Haar zupfen Sie aus.

Nova Scotia Duck Tolling Retriever Auch wenn diese Rasse zu den langhaarigen Vertretern gehört, werden die Hunde wesentlich weniger getrimmt. Beim Toller kürzen Sie lediglich das helle, flusige Haar an den Ohren und schneiden die langen Haare an den Pfoten und an der Rückseite der Läufe ab.

Hundepflege ist eine Frage der Regelmäßigkeit. Ein gut gepflegter Hund macht wenig Arbeit. Sind Probleme entstanden, sieht es anders aus.

Ansonsten sollte er intensiv – auch gegen die Wuchsrichtung des Haares – gebürstet werden, um das tote abgestorbene Haar sowie Schuppen, Schmutz und Verfilzungen zu entfernen. Außerhalb des Fellwechsels ist das Bürsten nur alle zwei bis vier Wochen nötig.

Labrador Retriever Er wird einmal die Woche gründlich gebürstet, um die toten Haare heraus-zuarbeiten. Im Fellwechsel kann man ihn auch zweimal die Woche bürsten. Lediglich die Rutenspitze wird beim Labrador ein klein wenig abgerundet. Sollte er sich einmal in etwas Unappetitlichem gewälzt haben, reicht es, diese Stelle mit einem in Apfelessig getränkten Tuch abzureiben.

Curly-Coated Retriever Durch sein besonderes Fell (→ Seite 10) ist er extrem pflegeleicht. Bürste

1 PFOTEN UND BEINE TRIMMEN Nehmen Sie an der Unterseite der Pfoten das Haar so weit weg, dass es mit den Pfotenballen eine einheitliche Linie gibt. Danach schneiden Sie den Rand der Pfoten rund, damit die Katzenpfoten erkennbar sind. Dann kürzen Sie das Haar vom Sprunggelenk bis zum Ballenansatz, sodass der Hund nicht mehr so viel Dreck mit sich herumträgt.

2 DIE RUTE TRIMMEN Die Rute bürsten Sie zunächst gut, danach schneiden Sie das Fell so, dass eine leicht geschwungene Linie entsteht. An der Rutenspitze formen Sie eine Rundung. Zum Schluss kontrollieren Sie noch einmal den Fall der Fahne (die langen Haare auf der Rutenunterseite) und schneiden sie gegebenenfalls etwas nach.

3 KOPF UND HALS TRIMMEN Glätten Sie die Außenkonturen der Ohren und schneiden Sie an der Innen- sowie auf der Rückseite der Ohren die überstehenden Haare weg. Um die Mähne in Form zu bringen, schneiden Sie mit der Effilierschere vom Ohr entlang des Halses bis zum Brustansatz schräg nach vorn und kürzen das Haar bis zum Vorbrustknochen auf ein bis zwei Zentimeter.

oder Kamm werden nie verwendet. Gelegentlich sollten Sie das Fell anfeuchten und mit den Fingern kreisförmig durchmassieren. Dadurch säubern Sie es und entfernen gleichzeitig totes Haar. Trimmen ist gelegentlich an der Rute notwendig, um die gewünschte spitz zulaufende Form zu erreichen. Bei Bedarf schneiden Sie abstehendes Haar unter den Ohrlappen weg. Die beste Fellpflege ist regelmäßiges Schwimmen.

Chesapeake Bay Retriever Seine Fellpflege erfordert noch weniger Aufwand: Das Fell sollte regelmäßig (etwa alle zwei Wochen) gebürstet werden.

Wichtig Grundsätzlich sollte man Retriever nicht mit Shampoos behandeln, um die natürliche Fettschicht der Haut nicht zu zerstören, denn das Haarkleid ist dann nicht mehr wasserabweisend. So kann es schnell zu Erkältungen kommen.

Krallenpflege

Die Krallen sollten Sie regelmäßig auf Länge und Risse kontrollieren und bei Bedarf mit einer Krallenzange kürzen. Das ist immer dann nötig, wenn sie beim Laufen hörbar auf dem Boden aufkommen. Lassen Sie sich das Krallenkürzen am besten vom Tierarzt zeigen, damit Sie nicht in den durchbluteten Bereich schneiden. Untersuchen Sie auch die Ballen auf Risse oder Schnittverletzungen.

Gesundheitscheck

Neben den Besuchen beim Tierarzt sollten Sie Ihren Hund einem regelmäßigen Check unterziehen. Gehen Sie bei Problemen sofort zum Tierarzt.

Gewicht Wiegen Sie Ihren Hund regelmäßig. Achten Sie auch auf Veränderungen des Körperumfangs, indem Sie nach einer »Taille« hinter den Rippen suchen. Legen Sie beide Hände auf die Rippen des Hundes. Wenn er das richtige Gewicht hat, können Sie die Rippen spüren, aber sie dürfen nicht hervorstehen. Hat Ihr Hund Übergewicht, fragen Sie am besten Ihren Tierarzt, ob eine Diät notwendig ist. Reduzieren Sie Leckerchen und Futterportionen und bewegen Sie Ihren Hund mehr.

Fell und Haut Teilen Sie das Fell am Kopf und entlang des Rückgrats, um nach Schuppen, Schorf

Ein gesunder Retriever ist sportlich und agil. Am wohlsten fühlt er sich, wenn er durchs Wasser oder durch die Wiesen toben kann – am liebsten zusammen mit Ihnen.

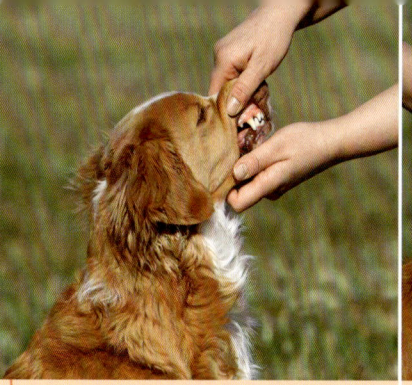

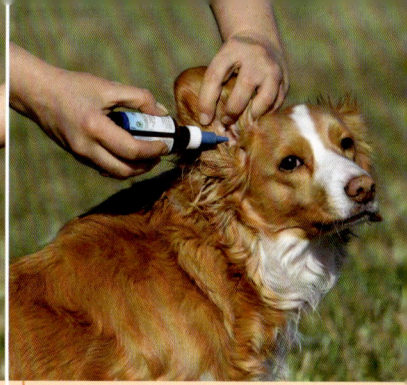

1 AUGEN Begutachten Sie die Augen. Sind sie gereizt, etwa durch Staub, können sie tränen. Wischen Sie bei Bedarf den Ausfluss mit einem weichen Tuch ab.

2 ZÄHNE Heben Sie die Lefzen an und kontrollieren Sie die Zähne auf Zahnstein und Karies. Finden Sie gelbliche bis braune Beläge, sollten Sie diese vom Tierarzt entfernen lassen.

3 OHREN Hat der Hund Ohrenschmalz, wischen Sie die äußere Ohrmuschel mit einem weichen Tuch aus, oder nehmen Sie spezielle Reiniger.

oder Verletzungen zu suchen. Gerade bei langhaarigen Retrieverrassen, aber auch beim Curly mit seinem gelockten Fell ist es gar nicht so einfach, jede Blessur zu entdecken. Hunde mit mattem oder stumpfem Fell bekommen möglicherweise nicht alle wichtigen Nährstoffe oder sind krank. Achten Sie auf Anzeichen von Flöhen (→ Seite 39) und auf ungewöhnliche Beulen und Knoten auf der Haut, indem Sie den Körper mit den Händen abtasten.

Augen Ziehen Sie das untere Augenlid sanft nach unten, um die Schleimhaut betrachten zu können. Bei einem gesunden Hund sollte sie rosa sein, die Augen sollten weiß glänzen. Ausfluss kann ein Zeichen für gereizte Augen sein (→ Foto 1 oben).

Ohren Die Ohrmuscheln müssen sauber, rosa und frei von Ablagerungen oder starkem Geruch sein. Achten Sie auf dunkles Ohrenschmalz. Es kann auf Ohrmilben oder eine Infektion hinweisen. Verwenden Sie keine Wattestäbchen, wenn Sie die Ohren des Hundes reinigen, Sie drücken damit den Schmutz tiefer in den Gehörgang.

Maul Ziehen Sie die Lefzen des Hundes hoch, und drücken Sie mit dem Finger leicht auf das Zahnfleisch über einem Oberkieferzahn. Wenn Sie den Finger wegnehmen, sollte sich der weiße Fingerabdruck wieder rosa färben. Öffnen Sie das Maul des Hundes, um alle Zähne zu untersuchen (→ Foto 2 oben). Regelmäßiges Reinigen der Zähne mit einer speziellen Zahnbürste und Zahncreme halte ich für übertrieben. Viel effektiver und vor allem bei Hunden beliebt sind spezielle Snacks oder Sandknochen, die die Plaques entfernen.

Verhalten Verhaltensänderungen können auf Unwohlsein hinweisen. Unlust, Trägheit oder Verweigerung des Fressens können Anzeichen von Erkrankungen sein. Werden ältere Hunde auf einmal träge und liegen am liebsten im Körbchen, schreiben Sie dies nicht nur dem Alter zu. Schmerzen zeigt ein Hund oft dadurch an, dass er Bewegung meidet.

Wichtig für den Tierarzt Notieren Sie alle Auffälligkeiten, damit Sie beim Tierarzt keine Symptome vergessen. Dazu gehört auch, regelmäßig Fieber im After zu messen. Die Normaltemperatur liegt zwischen 38,0 und 38,6 °C. Achten Sie ebenso auf Art und Beschaffenheit von Urin und Kot, dies können wichtige Krankheitshinweise sein.

Gesundheitsvorsorge

Stellen Sie Ihren Hund einmal jährlich dem Tierarzt vor. Dieser wird dann Augen, Ohren und Gebiss (Zahnsteinprophylaxe) gründlich kontrollieren sowie Herz und Lungen abhorchen.

Bringen Sie Ihren Welpen bereits kurz nach seinem Einzug zum Tierarzt, damit er ihn kennenlernt. Ich praktiziere es so, dass ich danach alle paar Wochen in die Praxis fahre – auch ohne Konsultation des Arztes –, damit sich der Hund an die Räume und Gerüche gewöhnen kann und keine negativen Erlebnisse mit einem Tierarztbesuch verknüpft.

Wichtig Suchen Sie beim kleinsten Zweifel immer den Tierarzt auf! Das gilt besonders, wenn Ihr Hund länger als einen Tag an Durchfall leidet, wenn er Fieber bekommt oder schlapp und apathisch wirkt. Gehen Sie lieber einmal zu oft zum Tierarzt, als dass Sie sich im Nachhinein Vorwürfe machen.

Wichtige Impfungen

Regelmäßige Besuche beim Tierarzt sind nötig, um die notwendigen Impfungen durchführen zu lassen. Regelmäßig sollte man impfen (→ Info rechts) ge-

Erbgesunde Tiere und richtige Gesundheitsvorsorge tragen dazu bei, dass Sie einen bis ins hohe Alter agilen, temperamentvollen und verspielten Begleiter haben.

gen Hepatitis, Leptospirose, Parvovirose, Staupe und gegebenenfalls Zwingerhusten. Viele ernsthafte und lebensbedrohliche Krankheiten sind dadurch deutlich zurückgedrängt worden.
Einige Impfstoffe, etwa gegen Tollwut, haben heute eine Wirkungsdauer, die ein Jahr übersteigt, sodass eine jährliche Impfung nicht mehr notwendig ist und der Organismus weniger belastet wird.

Parasiten auf der Haut

Da Sie mit Ihrem Retriever oft draußen unterwegs sind, ist eine regelmäßige Prophylaxe gegen Flöhe und Zecken (alle drei Monate) ebenfalls wichtig, denn Zecken übertragen die Erreger der Borreliose und Flöhe können auch den Menschen beißen. Suchen Sie deshalb den Hund im Anschluss an einen Spaziergang durch Wald und Wiese gründlich nach Parasiten ab.
Flöhe Sie erkennen diese Schmarotzer als flink hüpfende schwarze »Schuppen« oder Flecken im Fell, besonders am Rutenansatz, am Bauch und am Rumpf. Flöhe können mit Tinkturen, Shampoos und Sprays bekämpft werden.
Zecken Wenn sie Blut gesaugt haben, können sie zu einem etwa ein Zentimeter großen rundlichen Gebilde anschwellen. Es gibt gute Spot-on-Präparate, die einmal aufgetragen den Hund etwa drei Monate vor Zeckenbefall schützen. Scheiteln Sie dazu das Fell im Nacken und am Rutenansatz und tropfen Sie die Lösung auf die Haut. Sollte der Hund trotzdem einmal eine Zecke haben, dann entfernen Sie diese mithilfe einer Zeckenzange.

Wichtig Halten Sie unbedingt die regelmäßigen Impfungen sowie die Floh- und Zeckenprophylaxe ein, auch wenn Ihr Hund selten mit anderen Hunden zusammentrifft oder wenig im Wald unterwegs ist. Es reicht ja bereits aus, wenn den Vierbeiner eine einzige infizierte Zecke bei einem einzigen Besuch im Wald ansteckt oder wenn ein Artgenosse, der erkrankt ist, den eigenen Hund ansteckt – sei es mit Flöhen oder aber mit einer ernsthaften Erkrankung.

Wurmkuren

Weiterhin sollten Sie alle sechs Monate bei Ihrem Hund eine Wurmkur durchführen. Entsprechende Tabletten bekommen Sie von Ihrem Tierarzt.

Impfschema für Ihren Retriever

7./8. LEBENSWOCHE Grundimmunisierung (Aufbau der Immunität) beim Züchter gegen Staupe, Hepatitis, Parvovirose, Leptospirose

12. LEBENSWOCHE Impfen gegen Staupe, Hepatitis, Parvovirose, Leptospirose und Tollwut

16. LEBENSWOCHE Impfen gegen Staupe, Hepatitis, Parvovirose und Tollwut

15. LEBENSMONAT Impfen gegen Staupe, Hepatitis, Parvovirose, Leptospirose und Tollwut.

Im 15. Lebensmonat ist die Grundimmunisierung für Welpen und Junghunde abgeschlossen. Danach erfolgen die regelmäßigen Wiederholungs- oder Auffrischimpfungen. Lassen Sie sich von Ihrem Tierarzt beraten. Er wird Ihnen je nach Impfstoff die notwendigen Zeiträume nennen.

Die häufigsten Erbkrankheiten und Erkrankungen

Viele Erbkrankheiten lassen sich vermeiden, wenn Sie bei der Wahl des Züchters auf die Gesundheitsergebnisse der zukünftigen Elterntiere und deren Geschwister und Nachkommen achten. Diese bekommen Sie meist über die Retrieververeine oder können sie beim Züchter einsehen (→ Seite 20).

Erbkrankheiten

HD und ED Zu den häufigsten Erbkrankheiten bei den Retrievern gehören die Hüftgelenksdysplasie (HD) und die Ellbogendysplasie (ED) – Fehlentwicklungen der Hüft- und Ellbogengelenke. Als Folge

bilden sich früh Arthrosen, die den Tieren Schmerzen bereiten. Die Hunde können nur eingeschränkt ihren Bewegungsdrang ausleben. Die HD wird in die Stufen A (frei), B (Verdacht), C (leicht), D (mittel) und E (schwer) klassifiziert, die ED in Grad I bis III. Gute Züchter achten darauf, dass die neuen Besitzer ihre Welpen nur sehr dosiert belasten, nur kurze Spaziergänge mit ihnen unternehmen und sie im ersten Lebensjahr keine Treppen steigen lassen. Etwa im Alter von einem Jahr sollten die Junghunde vom Tierarzt geröntgt werden. Diese Aufnahmen werden dann von einem unabhängigen Gutachter anonymisiert ausgewertet. Ab der HD-Stufe D werden Hunde von der Zucht ausgeschlossen.
Das Röntgen ist auf jeden Fall zu empfehlen, denn so lässt sich relativ früh erkennen, ob der Hund daran leidet. Trotz HD oder ED können Sie ihm mit gezieltem Bewegungstraining und dosierter Belastung ein langes beschwerdenfreies Leben bieten.

Augenkrankheiten Hier treten am häufigsten Erkrankungen der Netzhaut auf.

› Der Katarakt, auch grauer Star genannt, ist eine Linsentrübung. Beim alten Hund ist sie als normale Erkrankung anzusehen.

› Die Progressive Retina-Atrophie (PRA) ist eine fortschreitende Verkümmerung der Netzhaut, die zur vollständigen Erblindung führt. Es gibt einen Gentest, mit dem sich die PRA feststellen lässt. Mit betroffenen Hunden soll nicht gezüchtet werden.

Im Alter bekommt fast jeder Hund Gelenkprobleme. Sie können Ihrem Senior das Leben aber mit einigen kleinen Tricks erleichtern.

Vor allem bei seltenen Retriever-Rassen, wie beispielsweise dem Curly, ist es wichtig, schon bei der Zucht auf die Gesundheit der Tiere zu achten.

Um Erbkrankheiten auszuschließen, sollten Sie Welpen nur von einem Züchter kaufen, dessen Zuchttiere bestimmte Gesundheitsuntersuchungen vorweisen.

› Bei einem Entropium rollt sich das Lid einwärts, beim Ektropium auswärts. Als Folge sind die Bindehaut und die Hornhaut des Auges ständig gereizt. Betroffene Hunde werden von der Zucht ausgeschlossen. Sowohl Ek- als auch Entropium lassen sich durch einen kleinen Eingriff vom Tierarzt korrigieren. Leidet bereits ein junger Hund daran, wird mit der Operation gewartet, denn meist verwächst sich die Krankheit.

Epilepsie Diese Krankheit äußert sich durch leichte Muskelzuckungen bis zu Krampfanfällen mit Bewusstseinsverlust. Am häufigsten wird die Epilepsie bei Retrievern im Alter zwischen einem und drei Jahren diagnostiziert. Die Krankheit kann man sehr gut medikamentös behandeln. Mit epilepsiebelasteten Tieren darf nicht gezüchtet werden.

Patellaluxation Sie liegt vor, wenn die Kniescheibe (Patella) aus ihrer korrekten Position springt und nicht von den Bändern und Sehnen an ihrem Platz gehalten wird. Betroffen sind, wenn auch selten, nur Flat-Coated Retriever. Passiert dies häufig, kann es zu Gelenkentzündungen und Knorpelschädigungen kommen und zu Lahmheiten führen. Eine Patellaluxation wird in vier Stufen unterteilt. Ein Hund wird nur zur Zucht zugelassen, wenn das PL-Gutachten PL Frei, PL 1 (mit Auflage) oder PL 2 (nur mit Ausnahmegenehmigung durch den VDH-Zuchtausschuss) ergibt. Die Untersuchung auf PL wird auf freiwilliger Basis durchgeführt.

Häufigere Krankheiten

Wenn Sie die auf Seite 38/39 genannte Prophylaxe regelmäßig durchführen, lassen sich viele Krankheiten verhindern. Dennoch kann sich Ihr Hund anstecken, etwa mit Zwingerhusten. Ebenso kann er an Magen- und Darmstörungen erkranken oder sich mit Milben, Flöhen oder Würmern infizieren. Auch können die Augen durch Wind, Rauch oder Fremdkörper gereizt werden und sich entzünden. Wenn Ihnen Entsprechendes auffällt, sollten Sie den Tierarzt aufsuchen. Rechtzeitig behandelt, sind diese Erkrankungen einfach in den Griff zu bekommen.

Spiel, Spaß, Erziehung

Retriever sind leicht zu erziehen, dennoch geht es nicht ohne Übung. Jeder Hund muss erst die Grundregeln lernen. Es liegt an Ihnen, sie ihm liebevoll konsequent beizubringen. Je besser der Hund erzogen ist, desto größer sind die Freiheiten, die Sie ihm gewähren können, und umso mehr Spaß haben Sie miteinander.

Die Grunderziehung

Die Retrieverrassen machen uns die Erziehung und Ausbildung durch ihr Wesen besonders einfach: Sie wurden darauf gezüchtet, mit dem Menschen zusammenarbeiten zu wollen (»will to please«, → Tabelle, Seite 55). Man hat den Eindruck, als ob sich der Hund förmlich anbietet und fragt: »Was kann oder soll ich tun?« Nutzen Sie dieses Verhalten geschickt und verbinden Sie es mit viel Freude.

Retriever richtig belohnen

In der artgerechten Hundeerziehung werden die Vierbeiner für das korrekte Ausführen eines Kommandos belohnt. Da Retriever es lieben, Gegenstände zu tragen und sie auch dem Besitzer zu bringen, wie es der Name schon aussagt (→ Info, Seite 9), können Sie das Verhalten nutzen und Apportierspiele in die Grunderziehung als Belohnung einbauen. Dies verspricht nicht nur eine Menge Spaß miteinander, es fördert gleichzeitig die Bindung und den Gehorsam, denn die Spielregeln des Apportierens bestimmen Sie.

Allerdings sollten Sie die Art der Belohnung (auch positive Bestärkung genannt) variieren, das heißt sich nicht nur auf Spiele beschränken. Geeignet sind neben Leckerchen auch Knuddel- und Streicheleinheiten oder eine kleine Runde Toben. Wenn ich z. B. »Sitz« geübt habe und der Hund eine Zeit lang ruhig sitzen bleiben musste, löse ich das Kommando auf, indem er kurz mit mir toben darf.

Wichtig Die Belohnung, also alles Gute, kommt immer von Ihnen und findet mit Ihnen statt. Wenn der Hund das gelernt hat, haben Sie einen aufmerksamen und freudigen Begleiter an Ihrer Seite. Stimmen Sie die Belohnung immer auf Ihren Hund ab. In der Regel zeigt er Ihnen ganz genau, was er am liebsten mag. Sie müssen ihn nur beobachten

und »lesen« lernen. Einer meiner Hunde liebt Zerr-
spiele mit einem Kauseil, deshalb bekommt er genau diese Belohnung und keine Leckerchen.
Grundsätzlich soll Erziehung Spaß machen. Und
zwar beiden: Hund und Mensch.

Erziehungsregeln

Um beim Üben erfolgreich zu sein, müssen Sie
auch bei den Retrievern einige Regeln beherzigen.
Regel 1 = Konsequenz Es gibt nicht ein wenig
»Sitz« oder »Hier«. Wenn der Hund sitzen soll, dann
muss er das Kommando richtig ausführen, und das
immer und unter allen erdenklichen Umständen.
Regel 2 = Positives Einarbeiten Schimpfen Sie
nicht mit Ihrem Hund, wenn er ein Kommando nicht

korrekt ausführt. Überlegen Sie, was falsch gelau-
fen sein könnte: Hat er das Kommando noch nicht
verstanden? Dann zeigen Sie es ihm erneut. Waren
zu viele Ablenkungen vorhanden? Üben Sie es in
ruhiger Umgebung noch einmal. Sind Sie vielleicht
gestresst vom Beruf und fühlen sich unter Druck?
Dann entspannen Sie sich zunächst bei einer Tasse
Kaffee und versuchen es erneut. Sie werden sich
wundern, dass die Übung nun klappt.
Unter Druck kann der Hund nicht lernen. Jedes Lebewesen lernt nur in entspannter, positiver Atmo-
sphäre. Dazu suche ich anfangs eine ruhige Umgebung ohne Ablenkungen — meist die Wohnung,
später dann der Garten. Erst wenn die Kommandos
hier sehr gut sitzen, steigere ich langsam die Ablenkungen, indem ich die Umgebung variiere.
Regel 3 = Loben Bitte vergessen Sie niemals das
Lob als Bestärkung. Nur wenn Sie loben, weiß der
Hund, dass er etwas richtig gemacht hat und kann
dieses dann abspeichern.
Regel 4 = Kommando aufheben Für alle Kommandos, die Sie Ihrem Hund geben, gilt: Ein erteil-
tes Kommando muss immer so lange befolgt werden, bis Sie Ihrem Hund etwas anderes sagen und
somit das erteilte Kommando aufheben. Das kann
ein Schlüsselwort wie z. B. »Frei« sein. Benutzen Sie
dafür nicht das Lob oder ein alltägliches Wort wie
»Okay« oder »Gut«. Zu schnell verwendet man es
gedankenlos und irritiert dadurch den Hund.
Regel 5 = Übungsdauer Überfordern Sie Ihren
Kleinen nicht. Üben Sie nur in kurzen Intervallen,
fünf Minuten können schon zu lang für ihn sein.

Zur Auflockerung von Übungseinheiten
können Sie Ihren Retriever mit einem
Zerrspiel oder Apportierspiel belohnen.

1 HIER Geben Sie das Kommando sowohl verbal (Ruf, Pfiff) als auch körpersprachlich deutlich. An der Geste erkennt der Hund, was Sie von ihm wollen.

2 SITZ Das Sichtzeichen für Sitz ist bei der Retrieverarbeit die erhobene Hand. Dieses Zeichen erkennt der Hund – auch auf Entfernung – besser als den erhobenen Zeigefinger.

3 FUSS Beim Kommando »Fuß« soll die Leine locker durchhängen, Kopf oder Schulter des Hundes befinden sich auf Höhe Ihres Knies.

Die Grundkommandos

Ich zähle nur »Sitz«, »Fuß« und »Hier« zu den Grundkommandos. Diese werden allerdings sehr intensiv trainiert.

»Hier« Dies ist das erste Kommando, das ich meinem Hund beibringe. Vielfach werden die Welpen bereits beim Züchter darauf geprägt, indem er die Kleinen mittels Rufen oder Pfiff mit der Hundepfeife zur Futterschüssel lockt. Bauen Sie auf dieser Vorarbeit auf. Damit legen Sie den Grundstein für ein schnelles und freudiges Kommen.

Am besten üben Sie mit einem Helfer, der den Welpen in einem anderen Raum festhält, sodass dieser Ihnen nicht folgen kann. Füllen Sie dann den Napf und rufen Sie den Kleinen mit dem Kommando »Hier« oder mit dem Komm-Pfiff (Doppelpfiff). Üben Sie allein und der Welpe steht bereits bei Ihnen, rufen Sie ihn mit »Hier« zur Futterschüssel.

»Sitz« Auch das Kommando »Sitz« lernt der junge Hund spielerisch in Verbindung mit dem Futter. Halten Sie dazu den Napf über den Kopf des Hundes und führen Sie ihn leicht nach hinten über den Kopf hinweg. Der Welpe wird mit den Blicken den Napf verfolgen und sich dabei unweigerlich setzen. Nun geben Sie das Kommando »Sitz«, loben den Kleinen und stellen den Futternapf auf den Boden. Die gleiche Übung können Sie auch mit Leckerchen machen. Hat der Welpe dies einmal verstanden, können Sie das Kommando »Sitz« auch außerhalb des Futterbereichs mit einem anderen Motivationsobjekt trainieren.

Beobachten Sie Ihren sitzenden Hund. Sobald er unruhig wird, lösen Sie das »Sitz« auf. Langsam können Sie so die Zeitspanne, während der er sitzen soll, ausdehnen. Das geht einfach, indem Sie ihm das Leckerchen oder die alternative Belohnung immer etwas später geben. Steht er auf, bevor er seine Belohnung bekommen hat, sagen Sie »Nein« und wiederholen die Prozedur. Es wird nicht lang dauern, dann weiß der Welpe, was Sie wollen. Trainieren Sie das Kommando in allen möglichen Lagen, setzen Sie Ihren Hund dazu auch auf eine Schräge. Bleibt er dennoch sitzen, hat er das Kommando gespeichert und verinnerlicht.

Beherrscht der Hund das Kommando, dann lassen Sie ihn sitzen und entfernen sich einige Schritte von ihm. Behalten Sie dabei Sichtkontakt und auch das Handzeichen für »Sitz«, die flache erhobene Hand, bei. Langsam können Sie dann die Entfernung steigern und auch die Dauer.

»Fuß« Das korrekte Fußgehen kann der junge Hund nur in kurzen Übungsintervallen lernen, denn es kostet ihn eine enorme Portion Konzentration und Beherrschung, und das kann der Welpe noch nicht in erforderlichem Maß aufbringen.

Locken Sie Ihren Hund an Ihre linke Seite und lassen Sie ihn dort sitzen, und zwar so, dass sich Kopf oder Schulter in Höhe Ihres linken Knies befinden. Halten Sie ihm ein Leckerchen vor die Nase und gehen Sie ein paar Schritte. Dabei sagen Sie das Kommando »Fuß«. Nutzen Sie den Folgetrieb des Kleinen. Nach wenigen Schritten loben Sie ihn und geben ihm seine Belohnung.

Solange der Hund bis etwa zur 16. Woche über den Folgetrieb verfügt, sollten Sie häufig dieses Fußge-

Bereits beim Welpen können Sie positives Verhalten, wie sich hinlegen, loben und mit Kommandos verknüpfen. So fällt das Lernen später leichter.

hen üben, sowohl mit als auch ohne Leine. Variieren Sie die Geschwindigkeit, gehen Sie über quer liegende Äste oder unebenen Untergrund. Er darf Sie dabei gern ansehen und auch fordernd mit der Nase anstupsen. Wichtig ist, dass er während der Übung in der korrekten Position bleibt.

Leinenführigkeit Der junge Hund muss lernen, dass er nicht an der Leine zu ziehen hat. Die Leine soll immer locker durchhängen und der Hund in der Fußposition neben Ihnen hergehen.

Gehen Sie zum Üben mit dem Hund an der kurzen Leine. Sobald er die Leine strafft, müssen Sie agieren: Nutzen Sie das »Nein«, das Sie Ihrem Hund schon im Welpenalter als Negativverstärker beigebracht haben (→ Seite 28). Knurren Sie ihn ruhig an. Sobald er wieder innerhalb der Leinenlänge ist, müssen Sie ihn positiv bestärken und loben. Wichtig ist, dass der Hund ganz genau unterscheiden kann, was gut und was schlecht ist.

Oft wird empfohlen, dass man stehen bleiben soll, bis sich der Hund selbst korrigiert, und erst dann weitergehen soll. Für mich ist das unlogisch, denn der Hund lernt dadurch nur, dass es etwas länger dauert, bis er am Ziel ist, nicht jedoch, dass er nicht weiterkommt, weil die Leine gespannt ist. Im Gegenteil: Der Hund zieht, der Zug verstärkt sich und der Hund gewöhnt sich an den Zug.

»Platz« Meines Erachtens muss der Welpe wichtigere Dinge lernen als »Platz«. Dieses Kommando bringe ich dem Hund später sehr viel schneller und einfacher bei, weil er dann wieder Kapazitäten zum Lernen frei hat.

Möchten Sie Ihrem Welpen trotzdem schon »Platz« beibringen, erarbeiten Sie es ausschließlich spielerisch. Warten Sie ab, bis er sich von allein hinlegt, nennen Sie dann das Kommando »Platz« und belohnen Sie ihn. Das reicht eigentlich schon aus.

Von Anfang an richtig erziehen

Retriever lassen sich leicht erziehen und wollen ihren Menschen gefallen. Diese Wesensmerkmale machen sie so liebenswürdig. Sie müssen sich nur an wenige Grundsätze halten, dann bekommen Sie schnell einen gut erzogenen Hund.

Tut gut

- Achten Sie bei allen Kommandos darauf, dass Stimme und Körpersprache übereinstimmen und dem Hund das gleiche Signal vermitteln.

- Lob und Tadel müssen immer im richtigen Moment erfolgen, nämlich sofort im Anschluss an die Ausführung.

- Geben Sie ein Kommando grundsätzlich nur einmal. Der Hund lernt sonst nur, dass er sich mit dem Befolgen Zeit lassen kann.

- Lasten Sie Ihren Hund geistig aus, fordern Sie kleine Aufgaben von ihm. Nur wenn er auch »denken« muss, ist er ausgeglichen.

Besser nicht

- Unternehmen Sie keine Spaziergänge, bei denen Sie sich nicht mit dem Hund beschäftigen. Dies langweilt ihn schnell, und er wird sich eine Ersatzbeschäftigung suchen. Dies kann bei Retrievern unerwünschtes Jagdverhalten sein!

- Üben Sie nicht mit dem Hund, wenn Sie gestresst oder müde sind. Die Stimmung überträgt sich auf den Hund, und ein entspanntes Arbeiten ist nicht mehr möglich. Frust ist vorprogrammiert.

- Bestrafen Sie den Hund nicht mit Schlägen oder sonstigen körperlichen Attacken. Benutzen Sie ein Abbruchsignal (»Nein«) und wiederholen Sie die Übung im abgesicherten Bereich, indem Sie den Hund z. B. anleinen.

Freizeitgestaltung mit Retrievern

Retriever gehören zur FCI-Gruppe 8, das heißt zu den Apportier- und Wasserhunden. Und dementsprechend sollten sie auch beschäftigt werden (→ Seite 5), nämlich jagdlich oder jagdnah. Es gibt eine Reihe von Beschäftigungen gerade für Retriever, die ich Ihnen im Folgenden vorstellen möchte.

Das Dummytraining

Eine Möglichkeit, den Retriever jagdnah, aber ohne Wild zu beschäftigen, ist die Dummyarbeit. Dummys sind kleine, mit Granulat gefüllte Leinensäckchen, die den Wildkörper imitieren. Mittlerweile ist aus der Dummyarbeit ein beliebter Retrieversport geworden, den ich jedem nur empfehlen kann. Denn gerade hier können und sollen Retriever genau die Eigenschaften zeigen, für die sie bekannt sind: Bereitschaft zur Zusammenarbeit mit dem Führer und ihren »will to please« (→ Seite 55), Ruhe und Ausgeglichenheit, da überwiegend ohne Leine gearbeitet wird, Einsatz erst auf Kommando. Bei der Dum-

> Im Wasser sind Retriever in ihrem Element. Trainieren Sie erst dort, wenn die entsprechenden Übungen an Land gut klappen. Im Wasser können Sie nicht korrigierend eingreifen, ohne selbst nass zu werden.

myarbeit darf sich der Hund nicht von Artgenossen ablenken lassen oder gar einen Streit mit ihnen beginnen. Des Weiteren muss er sein »weiches Maul« (→ Seite 55) zeigen.

Dummyarbeit ist Apportierarbeit Es gibt drei verschiedene Arten des Apportierens:

› Die Suche: Innerhalb eines abgegrenzten Gebiets, z. B. in einem lichten Wald, von etwa der Größe 50–80 × 50–60 Meter werden von einem Helfer bis zu zehn Dummys versteckt. Der Hund soll nun schnell, systematisch und effektiv dieses Gebiet durchsuchen und die gefundenen Dummys so flott wie möglich zu Ihnen bringen. Der Hund sucht völlig selbstständig, da auch Sie ihm keine Hilfe geben. Als einzige Unterstützung können Sie den Hund nur geschickt gegen den Wind schicken, weil ihm so die Witterung entgegenweht.

› Markieren oder Merken der Fallstelle: Ziel ist es, möglichst schnell und effektiv an das Dummy zu kommen. Das Hund-Mensch-Gespann steht an einer bestimmten Stelle im Gelände. Nun wird unter Abgabe eines Schusses von einem sichtbaren Helfer ein Dummy hoch und weit in den Himmel geworfen. Der Hund soll die Fallstelle genau im Auge haben (= markieren), auf direktem Weg dorthin laufen und das Dummy apportieren.

Je nach Ausbildungsstand des Hundes können etliche Schwierigkeiten eingebaut werden: So ändert sich die Entfernung zwischen Hund und Werfer von 50 Metern für Anfängerhunde über 80 bis 100 Meter für fortgeschrittene Hunde auf bis zu 180 Meter für die Openclass-Hunde (→ Seite 51). Als weitere Schwierigkeit werden die Dummys so geworfen, dass nur ein Teil der Flugbahn zu sehen ist. Der Hund muss abschätzen, wo das Dummy landen wird, und soll dann möglichst punktgenau die Fallstelle aufsuchen, das Dummy schnell finden und

Vereinssport für Retriever

TIPPS VON DER
RETRIEVER-EXPERTIN
Petra Soons

Die dem VDH angeschlossenen Retrieververeine DRC, LCD und GRC bieten für Hunde aus ihrer Zucht verschiedene Ausbildungen und Kurse an. Die Teilnahme ist freiwillig, wird aber sehr gern angenommen.

RETRIEVERGERECHTE AUSBILDUNG Zum Angebot gehören Kurse im Bereich der Dummyarbeit (vom Junghundkurs über Dummy-Anfänger bis Dummy-Fortgeschrittene) sowie spezielle Apportierseminare. Sie werden von renommierten und erfahrenen Ausbildern durchgeführt. Für Hundebesitzer ohne Prüfungsambitionen gibt es die Kurse »Apportieren just for fun«.

RING- UND TRIMMSEMINARE Hierbei lernt der Besitzer das Trimmen, außerdem wird ihm das korrekte Vorstellen des Hundes auf Ausstellungen nähergebracht.

WEITERE ANGEBOTE Seminare zu den Themen »Erste Hilfe am Hund« oder »Ernährung«

ANGEBOTE DER BEZIRKSGRUPPEN Familientage mit Ausflügen, Sommerfeste sowie Weihnachtsfeiern

zurückbringen. Je fortgeschrittener die Hunde sind, desto variantenreicher können die Dummys geworfen werden, etwa indem sich der Hund mehrere geworfene Dummys merkt und anschließend gezielt apportieren muss, ohne in eine Suche zu verfallen.

› Das Einweisen: Dies ist die Königsdisziplin der Retriever, denn es erfordert das höchste Maß an Zusammenarbeit und Gehorsam. Auch der Hundeführer muss relativ viel Erfahrung haben! Bei dieser Variante weiß nur der Hundeführer, wo das Dummy ausgelegt wurde. Er muss den Hund nun möglichst auf direktem Weg, im Idealfall mit einem Kommando in den Bereich »lotsen«, sodass der Hund das Dummy finden und bringen kann.

Beim Einweisen müssen die meisten Hürden überwunden werden:

› Zunächst darf der Hund erst dann suchen, wenn er an der Fallstelle (dem Bereich) ist.

› Der Weg dorthin kann so gelegt werden, dass der Hund etliche Geländeübergänge wie unterschiedlich hohes Gras, niedrige Hecken, kleine Gräben, Teiche oder Wege queren muss. Auch Verleitungen (Ablenkungen) in Form von anderen Dummys, die in einem engen Winkel zur Laufrichtung als später zu arbeitende Markierung geworfen werden, dürfen den Retriever nicht von seiner Spur abbringen.

› Ebenso wichtig wie das Gelände ist der Wind. Sie müssen berücksichtigen, aus welcher Richtung der Wind weht. Da der Hund immer mit der Nase arbeitet, müssen Sie ihn in den Wind schicken, damit er die Witterung aufnehmen kann.

Dummyarbeit als Sport

Die Dummyarbeit wird auch auf sportlichen Veranstaltungen, sogenannten workingtests, durch die Retrieververeine, besonders durch den DRC und den LCD, für seine Mitglieder durchgeführt. Es gibt

1 VORANSCHICKEN Dabei ist eine deutliche Körpersprache wichtig: Der Arm bildet eine Leitlinie, der der Hund folgt. Wedeln Sie nicht mit dem Arm.

2 LOSLASSEN Greifen Sie nicht hektisch nach dem Dummy. Der Hund soll so lange festhalten, bis Sie ihm das Kommando zum Loslassen geben. Er kann dabei stehen bleiben.

3 LOBEN Abschließend müssen Sie den Hund loben. Streicheln Sie ihn dabei an der Brust. Erst danach geben Sie ihm das Leckerchen.

unterschiedliche Klassen: Schnupperer, Anfänger, Fortgeschrittene und die Openclass, außerdem Einzelwettkämpfe und Teamwettbewerbe (jeweils drei Hunde und Hundeführer bilden ein Team) – sowohl auf nationaler als auch internationaler Ebene. Die Krone der workingtests ist der IWT, der International Working Test, an dem sich viele verschiedene Länder beteiligen und der jedes Jahr in einem anderen Land durchgeführt wird.

Alle oben genannten Komponenten des Dummytrainings können Sie während eines Spaziergangs oder auch zu Hause mit Ihrem Hund durchführen. Verstecken Sie z. B. einige Dummys in einer Wiese und lassen Sie sie von Ihrem Hund suchen. Legen Sie ein Dummy an einem Baum aus, gehen Sie einige Meter weiter und schicken Sie dann Ihren Hund wieder dorthin zurück. Werfen Sie ein Dummy als Markierung (→ Seite 49) und lassen Sie es von Ihrem Hund holen.

Beschäftigung zu Hause

Zu Hause verbringt jeder Hund 80 Prozent seiner Zeit in Ruhephasen. Diese sollten Sie ihm gewähren, da er sonst in Hyperaktivismus verfallen kann und über Tisch und Bänke springt. Die restliche Zeit sollte der Hund jedoch ausgelastet werden. Müssen Sie Ihren Hund aus Krankheits- oder Altersgründen im Haus beschäftigen, empfehle ich Ihnen besonderes Intelligenzspielzeug für Hunde (Zoofachhandel). Oder Sie werden selbst kreativ, etwa mit dem Hütchen-Spiel: Dazu brauchen Sie drei Becher. Unter einem verstecken Sie vor den Augen des Hundes ein Leckerchen. Dann verändern Sie die Positionen der Becher durch Verschieben. Lassen Sie anschließend Ihren Hund mit der Nase das versteckte Leckerchen erschnüffeln und als Belohnung fressen.

Field Trials

Diese Prüfungen eignen sich für jagdlich geführte Retriever, sie werden anlässlich einer Niederwildjagd durch besondere Richter durchgeführt. Hier kommt es vor allem darauf an, dass die Hunde während der Jagd ruhig bei den Führern verharren und auf Geheiß des Richters geschossenes Wild

Während der Jagd sitzen die Hunde ruhig neben dem Führer und beobachten das Geschehen. Nur auf Anweisung holen sie das geschossene Tier.

holen. Sie sollen es schnell, effizient und so schonend (mit weichem Maul) bringen, dass der Mensch das Wild noch essen kann.

Arbeit auf der Fährte

Die Fährtenarbeit kann man sowohl als Sport mit entsprechenden Prüfungen als auch hobbymäßig betreiben. Sie wird von vielen Hundeschulen angeboten und erfreut sich immer größerer Beliebtheit. Für Retriever ist sie eine typgerechte und spannende Beschäftigung, die dem Hund viel Freude macht. Fährtenarbeit kann, je nach Witterung und Schwierigkeitsgrad der Fährte, sehr anstrengend sein. Sie lastet den Hund körperlich wie auch geistig aus.

Voraussetzung für die Fährtenarbeit Dies ist neben einem Fährtengeschirr oder einer feststehenden Halsung (→ Seite 25) und einer zehn Meter langen Suchleine ein geeignetes Gelände für die Fährte. Günstig sind Äcker, Wiesen, Waldboden, die möglichst wenig begangen oder befahren sind. Weiter hilft dem Hund ein feucht-warmes Wetter oder Tau. Ungünstige Verhältnisse hat man bei harten, verfestigten Böden, bei starker Hitze oder Trockenheit und bei heftigem Wind. Als Leckerchen haben sich kleine Wurststückchen bewährt, die der Hund nicht lange kauen muss.

Fährtenarbeit trainieren

Bei der Fährtenarbeit orientiert sich der Hund an den Bodenverletzungen, die Sie (bei Wettbewerben ein Fährtenleger) in den Boden treten. Durch die Tritte werden mikroskopisch kleine Teilchen, Grassamen oder kleine Insekten zerstört, sie zersetzen sich an der Luft und erzeugen so eine Duftspur. Dieser Fährte soll der Hund mit der Nase am Boden (= mit tiefer Nase) folgen und sie ohne Rücksicht auf die Windrichtung genau ausarbeiten.

Die Fährte legen Sie bereiten den sogenannten Ansetzpunkt vor, indem Sie eine dreieckige Fläche (Schenkellänge etwa ein Meter) austreten und dort einige Leckerchen hinlegen. Dann gehen Sie los und treten die Fährte (fachsprachlich den Abgang), indem Sie anfangs in jeden Tritt, später immer seltener ein Leckerchen legen. Am Ende der Fährte häufeln Sie viele Leckerchen als Jackpot, als ganz große Belohnung, auf.

Beim Fährtenlegen beachten

› Für einen unerfahrenen Hund sollte die Fährte höchstens 20 Schritte lang sein. Allmählich verlängern Sie die Fährte auf 350 bis 400 (bis 2000) Schritte. Erst ab einer Länge von 100 Schritten können Sie einen Haken, einen 90°-Winkel, einbauen.

› Der Hund sollte die Vorbereitung nicht beobachten können, er soll sich später nur mit seiner Nase orientieren.

Der Hund wird an den Ansetzpunkt gebracht, um die Fährte aufzunehmen, die er ausarbeiten soll. Sie müssen ihn hier besonders gut konzentrieren.

Bei der Fährtenarbeit soll der Hund die Fährte am langen Riemen ausarbeiten. Er muss dabei die Nase am Boden lassen und darf nicht mit erhobener Nase versuchen, dem Geruch mittels einer Abkürzung zu folgen. Wichtig ist, dass er die Verweiserstücke in der Fährte findet.

Die Fährte arbeiten Sind Ansetzpunkt und Fährte gelegt, holen Sie Ihren Hund und zeigen ihm am Ansetzpunkt die Wurststückchen. Der Hund soll intensiv das Dreieck absuchen und alle Wurststückchen finden. Dies geht am besten an der kurzen Leine. Erst dann soll er den Abgang zur Fährte suchen. Dabei halten Sie die Suchleine immer noch kurz, damit Sie den Hund stets korrigieren können. Sobald er sicher dem genauen Fährtenverlauf folgt, können Sie die Leine länger lassen.

Verweisen für fortgeschrittene Hunde

Bei der Fährtenarbeit werden in die Fährte sogenannte Verweiser gelegt – je nach Länge der Fährte und Ausbildungsstand des Hundes zwei bis sieben Gegenstände. Das können Gegenstände verschiedenster Art sein, etwa ein Stück Lederriemen oder Gartenschlauch, die der Hund anzeigen, also verweisen soll. Dies kann er im Stehen, im Sitzen oder im Platz anzeigen, doch er muss es immer auf die gleiche Weise tun.

Es hat sich eingebürgert, dass das Verweisen im Platz erfolgt.

Auch das Verweisen muss der Hund zunächst lernen. Ich gehe dabei so vor, dass ich das Wurststückchen so unter den Verweisergegenstand lege, dass der Hund nicht so ohne Weiteres drankommt. Er wird verharren und versuchen, die Wurst praktisch herauszupulen. Diese Gelegenheit nehme ich wahr und gebe ihm das Platzkommando. Mit immer wiederkehrender Übung stellt sich die Verknüpfung her: Leckerchen – Verweiserpunkt – Platz. Ist dieses Verhalten verfestigt, ist kein Kom-

mando mehr nötig, der Hund wird am Verweiserpunkt automatisch ins Platz gehen.

Mantrailing

Mantrailing ist ebenfalls eine ideale Beschäftigung für Retriever, da auch hierfür ihre ausgezeichnete Nasenleistung gefragt ist. Mantrailing ist neu und wird erst nach und nach in Deutschland bekannter.

Was ist Mantrailing? Der Hund soll eine bestimmte Person anhand ihres Geruchs suchen und finden. Im Gegensatz zur Fährtenarbeit, bei der der Hund mit tiefer Nase Bodenverwundungen folgt, arbeitet er beim Mantrailing mit hoher Nase. Das heißt, er sucht die Luft nach bestimmten Gerüchen wie mikroskopisch kleinen Geruchspartikeln ab, die die zu suchende Person verliert, wie Hautschüppchen, Staub aus der Kleidung oder Haarpartikel. Hunde, die von Natur aus mit hoher oder halbhoher Nase arbeiten, wie z. B. Golden oder Flat-Coated Retriever, sind im Vorteil. Mantrailing erfordert ein Höchstmaß an Konzentration, gehen die Spuren der Suchperson ja auch über Straßen, durch Wiesen und Wälder, durch Einkaufspassagen etc. Der Fantasie sind keine Grenzen gesetzt.

Was ist nötig für Mantrailing? Sie brauchen wie bei der Fährtenarbeit eine feststehende Halsung (→ Seite 25) oder ein Geschirr und eine lange Suchleine. Um den Hund auf die Spur zu setzen, benötigen Sie einen Geruchsträger, das heißt einen Gegenstand, der den Geruch der zu suchenden Person trägt. Am besten geeignet sind dazu Kleidungsstücke. Als Bestätigung dienen Futter oder jedes andere Motivationsobjekt, etwa ein Spielzeug.

Beim Mantrailing darf der Hund die Fährte verlassen, um eine Menschengruppe zu überprüfen.

Mantrailing üben Zu Beginn des Übens muss der Hund lernen, dass er eine bestimmte Person suchen und finden soll. Dazu lassen Sie ihn zusehen, wie diese Person weggeht. Beim Entfernen zeigt die Suchperson dem Hund die Belohnung. Nun muss der Hund auf das Kommando »Such« der Person hinterhergehen. Ist er am Ziel, bestätigen Sie ihn durch eine Belohnung. Als nächsten Schritt bauen Sie den Geruchsträger, etwa ein T-Shirt, in die Suche ein. Zuerst kombinieren Sie die Bestätigung mit dem Geruchsträger, sodass der Hund die Geruchspartikel mit der Belohnung verknüpft. Dann muss der Hund den Individualgeruch der zu suchenden Person aufnehmen, die dazu passenden Geruchspartikel in der Umgebung erschnüffeln und dieser einen bestimmten Spur folgen.

Beim Mantrailing hat der Hund einen größeren Freiraum als bei der Fährtenarbeit. So darf er z. B. seine Spur auch einmal verlassen, um eine in der Nähe stehende Menschenansammlung zu prüfen, ob sich die Zielperson nicht vielleicht dort aufhält.
Beim Mantrailing lernt man, die Körpersprache des Hundes zu interpretieren. Das ist eigentlich der schwierigste Part, denn dazu benötigen Sie Zeit und Einfühlungsvermögen. Beobachten Sie Ihren Hund genau, er zeigt Ihnen, wenn er die Spur verloren hat oder wenn er einer Verleitung nachgeht. Wenn Ihnen diese Form der Beschäftigung Spaß macht, sollten Sie sich einen guten Ausbilder suchen, der Ihnen bei der Einarbeitung hilft. Beim Mantrailing wachsen Hund und Führer zu einem echten Team zusammen.

Wichtige **Fachbegriffe** rund um Retriever

WAS?	BEDEUTUNG	WAS?	BEDEUTUNG
WILL TO PLEASE	Besonderes sanftes Wesen der Retriever und der Wille, mit dem Führer zusammenarbeiten zu wollen.		Erscheinungsbild des Golden Retriever
LEICHTFÜHRIGKEIT	Ähnlich dem »will to please« leichte Lenkbarkeit bzw. leichte Ausbildbarkeit der Retriever.	MOXONLEINE	Sie wird auch Retrieverleine genannt. Aufgrund ihrer Bauart – sie besteht aus Handschlaufe, Führleine und Halsband mit Gleitring – vereint sie Halsband und Leine in einem. Sie ermöglicht ein schnelles An- und Ableinen des Hundes, was besonders bei der Dummyarbeit und Jagd nötig ist.
WEICHES TRAGEN	Der Retriever soll nur so fest zupacken, dass das erlegte Wild bei der Jagd festgehalten, nicht aber verletzt wird. Dies gilt auch bei der Dummyarbeit.		
STUMME JÄGER	So nennt man Jagdhunde, die während der Arbeit nicht bellen.	FURMINATOR	Dies ist ein spezieller Kamm für Hunde mit langen Haaren und dichter Unterwolle. Er entfernt lose Haare aus dem Unterfell ohne Beschädigung des Deckhaares.
STOPP	Absatz von der Stirn zum Nasenrücken hin; gehört zum typischen		

Agility – Obedience – Discdogging

Inzwischen gibt es mehrere Formen des Hunde-sports. Probieren Sie die verschiedenen Sportarten aus und praktizieren Sie das, was Ihnen und Ihrem Vierbeiner liegt und am meisten Spaß macht.

Agility

Agility ist eine Sportart für schnelle, fitte und ge-wandte Mensch-Hund-Teams. Deshalb sollten Sie unbedingt darauf achten, dass Ihr Hund gesund und nicht übergewichtig ist.

Da Agility in drei Größenklassen angeboten wird, ist es auch für Retriever gut geeignet. Vorausset-

zung, um auf Turnieren starten zu können, ist eine bestandene Begleithundeprüfung des VDH.

Was ist Agility? Bei dieser Sportart durchlaufen Mensch und Hund zusammen einen Parcours, der aus 12 bis 20 Hindernissen besteht. Er muss vom Hund möglichst fehlerlos und in einer bestimmten Zeit absolviert werden. Der Hundeführer läuft zum Teil mit und gibt seinem Hund durch verbale Kommandos und/oder Körpersprache zu verstehen, welches Hindernis er als Nächstes nehmen muss. Es gibt Sprunggeräte wie Hürden (Stangenhürden, Bürste, Mauer), Reifen oder Weitsprung, sogenannte Kontaktzonengeräte wie Wippe, A-Wand oder Lauf-steg sowie flexible Plastik- oder Stoff- bzw. Sack-tunnel, Tisch und den Slalom mit maximal zwölf Stangen.

Man unterscheidet zwischen dem A-Lauf, bei dem es außer Sprunghürden auch Kontaktzonengeräte (Geräte, die der Hund an einer gekennzeichneten Stelle berühren muss) gibt, und dem Jumping, bei dem das Team die »üblichen« Geräte wie Tunnel, Weitsprung und Slalom in bestimmter Reihenfolge schnellstmöglich und fehlerfrei bewältigen muss. Die besondere Herausforderung liegt nicht nur im Beherrschen der unterschiedlichen Geräte, sondern auch in der Vielfalt der Geräteanordnung im Par-cours – das Team muss sich jedes Mal auf eine neue Situation einstellen. Erfolg und Harmonie in der Arbeit setzen auch hier eine enge Bindung und

Die Wippe ist eines der ersten und beliebtesten Hindernisse im Agility-Sport. Schon sehr junge Hunde können sie leicht bewältigen.

Es gibt Sprungelemente für Einzel- und Mehrfachsprünge in verschiedenen Variationen und Höhen – je nach Leistungsstand und Größe des Hundes.

Der Slalom gehört zu jedem Agility-Parcours. Er kann aus bis zu zwölf Stangen bestehen. Die Strecke muss der Hund in einer bestimmten Zeit bewältigen.

eine klare Kommunikation zwischen Hund und Mensch voraus.

Agility macht Riesenspaß, hat aber den Nachteil, dass man diese Sportart nur auf einem Hundeplatz ausüben kann, da man auf die Hindernisse angewiesen ist. Der Vorteil dabei ist, dass man gemeinsam mit Gleichgesinnten trainiert.

Obedience

Obedience, wie Agility eine junge Sportart, stammt aus England. Hier kommt es nicht nur auf die schnelle und exakte Ausführung der Kommandos an, vielmehr wird das freudige Ausführen und das harmonische Zusammenspiel bewertet. Obedience kann man wie jede Sportart auch wettkampfmäßig führen und sich zu unterschiedlichen Prüfungen melden. Um in der Beginner-Klasse starten zu dürfen, ist eine abgelegte Begleithundeprüfung des VDH Bedingung.

Bei Obedience kann jeder mitmachen, auch ältere oder körperlich leicht behinderte Hunde. Das Handicap wird bei der Bewertung berücksichtigt. Körperliche Belastungen gibt es für Hund und Halter bei diesem Sport praktisch keine. Im Gegensatz zu jeder anderen Sportart wird der Hundeführer durch einen Ringsteward durch die Prüfung geführt, der immer genau ansagt, welche Übung als Nächstes gezeigt werden soll. Solche Anweisungen sind nötig, da es bei Obedience kein festgelegtes Schema gibt. Das macht es immer wieder interessant.

Zu den Aufgaben des Obedience gehören z. B. das »Fuß«-Laufen mit und ohne Leine, »Sitz«, »Platz«, »Steh aus der Bewegung« oder die »Bleib«-Übung. Weitere Übungen sind das Abrufen, Vorausschicken und das Apportieren sowie das Herausfinden eines Holzes, das der Halter berührt hat, aus mehreren anderen. Bei der Distanzkontrolle führt der Hund verschiedene Befehle in einer gewissen Entfernung vom Hundeführer aus.

Obedience üben Das A und O bei dieser Sportart ist die Fußarbeit, und damit fängt man auch an zu üben. Der Hund soll eng neben dem Führer laufen, ihn ansehen und freudig und beschwingt das Kommando ausführen. Dies erreichen Sie über das Futtertreiben, nicht über Locken mit dem Leckerchen. Der Hund soll aktiv treiben. Er soll Sie antreiben, »denken«, dass er derjenige ist, der das Tempo bestimmt. Er will ja das Leckerchen bekommen, deshalb stupst er Sie an, ist aktiv und hat eine Menge Spaß dabei. Als nächste Schritte werden die Übungen »Sitz«, »Platz« und »Steh aus der Bewegung« trainiert. Eine weitere schöne Einstiegsübung ist das Voranschicken in die Box, ein besonders gekennzeichnetes Viereck im Parcours.

Lassen Sie sich den Aufbau und weitere Übungen im Verein zeigen. Gemeinsam mit Gleichgesinnten macht Obedience noch mehr Spaß.

Man sieht diesem Hund förmlich an, wie viel Spaß er am Sport mit der Frisbeescheibe hat. Jeden gesunden Hund kann man damit gut beschäftigen.

Discdogging

Was ist Discdogging? Diese Sportart kam in den 1970er-Jahren aus den USA zu uns. Sie eignet sich besonders gut für Retriever, weil sie sportlich agile Hunde sind. Dabei wirft Herrchen oder Frauchen eine Frisbeescheibe, und der Hund soll sie möglichst noch in der Luft fangen und schnellstmöglich zurückbringen. Dieses Spiel bzw. diesen Sport kann man auf jeder Wiese betreiben, und Hund und Mensch kommen dabei so richtig ins Schwitzen. Sie können ihn aber auch turniermäßig betreiben und bei Wettkämpfen teilnehmen. Dazu können Sie sich im Internet bereits einige Videos ansehen (→ Adressen, Seite 62).

Anforderungen an Discdogging Für diese Sportart ist jeder gesunde Hund geeignet. Die Körpergröße ist nicht entscheidend. Der Halter muss seine Würfe und Wünsche an seinem Hund ausrichten und nicht umgekehrt. Auch ein alter Hund kann Discdogging betreiben, solange er Lust dazu hat und nicht überanstrengt wird! Mit einem jungen Hund sollten Sie mit dem richtigen Discdogging warten, bis er komplett ausgewachsen ist. Verwenden Sie bitte nur Scheiben, die hundetauglich sind. Sie dürfen nicht splittern, sollten nicht zu hart oder zu schwer sein und keine harten Kanten aufweisen, damit sich der Hund im Maulbereich nicht verletzt. Auch sollten Sie so werfen, dass der

»Fußgehen« im Obedience-Sport: Hier soll der Hund seinen Führer freudig ansehen und quasi an ihm kleben.

Hund die Scheibe im Laufen in der Luft fangen kann und nicht hoch oder weit springen muss.

Discdogging üben ohne Hund Hier lernen Sie erst einmal den richtigen Umgang mit der Scheibe. Die besten Übungen für den Beginn sind der Roller (die Scheibe läuft ein paar Meter auf dem Boden geradeaus) und die Rückhand, das heißt, Sie werfen die Scheibe aus dem Handgelenk heraus so, als ob Sie am Strand Frisbee spielen. Die Scheibe sollte eine gerade Flugbahn beschreiben. Üben Sie so lange ohne Hund, bis die Disc immer fliegt, wohin und wie weit Sie wollen.

Discdogging mit Hund Beherrschen Sie alle Roll- und Wurftechniken, darf der Hund mitspielen.

› Er muss sich neben Sie setzen, Sie knien sich am Anfang am besten hin. Dann rollen Sie die Scheibe weg. Der Hund soll in Richtung der Scheibe sehen und auf Kommando hinterherrennen, die Scheibe packen und zurückbringen.

› Auch beim Werfen ist es wichtig, dass der Hund nicht erwartungsvoll vor Ihnen steht. Um der Scheibe nachzujagen, müsste er sich nämlich ruckartig herumwerfen und das schadet auf Dauer seiner Wirbelsäule.

Lassen Sie sich diese Sportart unbedingt in einer Hundeschule von einem Fachmann zeigen, der sich damit auskennt und der Ihnen den richtigen Umgang mit den Scheiben beibringt.

Die Inhalte dieses Buches beziehen sich auf die Bestimmungen des deutschen Tier- bzw. Artenschutzes. In anderen Ländern können die Angaben abweichen. Erkundigen Sie sich daher im Zweifelsfall bei Ihrem Zoofachhändler oder bei der entsprechenden Behörde.

Adressen

› Fédération Cynologique Internationale (FCI), Place Albert 1er, 13, B-6530 Thuin, www.fci.be
› Verband für das Deutsche Hundewesen e. V. (VDH), Westfalendamm 174, 44141 Dortmund, www.vdh.de
› Golden Retriever Club e. V. (GRC), Geschäftsstelle: Helga Rüter, Franz-Poppe-Str. 2, 26655 Westerstede, www.grc.de

Wichtiger **Hinweis**

› Die Haltungsregeln in diesem Ratgeber beziehen sich auf normal entwickelte Jungtiere aus guter Zucht, also auf gesunde, charakterlich einwandfreie Tiere.

› Auch gut erzogene Hunde können Schäden an fremdem Eigentum anrichten oder Unfälle verursachen. Ein ausreichender Versicherungsschutz ist ratsam.

› Wer einen erwachsenen Hund zu sich nimmt, muss wissen, dass dieser bereits wesentlich durch Menschen geprägt ist. Er sollte den Hund in seinem Verhalten zu Menschen genau beobachten.

› Deutscher Retriever Club e. V. (DRC), Dörnhagener Str. 13, 34302 Guxhagen, www.drc.de
› Labrador Club Deutschland e. V. (LCD), Geschäftsstelle: Markenweg 2, 48653 Coesfeld, www.labrador.de
› Nova Scotia Duck Tolling Retriever Club Deutschland e. V. (TCD), Geschäftsstelle: Hauptstraße 120, 66851 Bann, www.tollerverein.de
› Österreichischer Kynologenverband (ÖKV), Siegfried-Marcus-Str. 7, A-2362 Biedermannsdorf, www.oekv.at
› Schweizerische Kynologische Gesellschaft (SKG/SCS), Brunnmattstrasse 24, CH-3007 Bern, www.skg.ch
› Retriever Club Schweiz (RCS), Franz-Berger-Jaeggi, CH-3000 Bern, www.retriever.ch
› Österreichischer Retriever Club (ÖRC), Geschäftsstelle: Andrea Rameseder, A-4030 Linz, Traunauweg 14, www.retrieverclub.at

Fragen zur Haltung

beantworten Ihr Zoofachhändler und der Zentralverband Zoologischer Fachbetriebe Deutschlands e. V. (ZZF), Tel. 06 11-44 75 53 32 (nur telefonische Auskunft möglich: Mo 12–16 Uhr und Do 8–12 Uhr), www.zzf.de

Registrierung

› Deutsches Haustierregister, Deutscher Tierschutzbund e. V., Baumschulallee 15, 53115 Bonn, www.deutsches-haustierregister.de
› Internationale Zentrale Tierregistrierung (IFTA), Nördliche Ringstr. 10,

91126 Schwabach, Tel. 0 08 00/43 82 00 00 (kostenlos), www.tierregistrierung.de

Haftpflichtversicherung

› Gothaer Allgemeine Versicherung AG, Gothaer Allee 1, 50969 Köln, www.gothaer.de

Adressen im Internet

› www.golden-in-action.de Homepage der Autorin
› www.jghv.de Webseite des Jagdgebrauchshundeverbands
› www.Retriever-Forum.net Größtes deutschsprachiges Retriever-Forum
› www.discdogging-magazin.de Infos rund um diesen Hundesport

Bücher, die weiterhelfen

› Lindner, R.: Was Hunde wirklich wollen. Gräfe und Unzer Verlag, München
› Schlegl-Kofler, K.: Labrador Retriever. Gräfe und Unzer Verlag, München
› Schlegl-Kofler, K.: Hundeerziehung. Das große GU-Praxishandbuch. Gräfe und Unzer Verlag, München

Zeitschriften

› DogsToday. Gong Verlag, München
› Partner Hund. Gong Verlag, München
› Der Hund. Deutscher Bauernverlag GmbH, Berlin
› Dogs. Gruner + Jahr, Hamburg

Freude am Tier

Die neuen Tierratgeber – da steckt mehr drin

ISBN 978-3-8338-1877-6
64 Seiten

ISBN 978-3-8338-0595-0
64 Seiten

ISBN 978-3-7742-8837-9
64 Seiten

ISBN 978-3-8338-1206-4
64 Seiten

ISBN 978-3-7742-0579-0
64 Seiten

ISBN 978-3-8338-0523-3
64 Seiten

Änderungen und Irrtum vorbehalten.

Das macht sie so besonders:

Praxiswissen kompakt – vermittelt von GU-Tierexperten

Praktische Klappen – alle Infos auf einen Blick

Die 10 GU-Erfolgstipps – so fühlt sich Ihr Tier wohl

Willkommen im Leben.

Unsere Garantie

Alle Informationen in diesem Ratgeber sind sorgfältig und gewissenhaft geprüft. Sollte dennoch einmal ein Fehler enthalten sein, schicken Sie uns das Buch mit dem entsprechenden Hinweis an unseren Leserservice zurück. Wir tauschen Ihnen den GU-Ratgeber gegen einen anderen zum gleichen oder ähnlichen Thema um.

Liebe Leserin und lieber Leser,

wir freuen uns, dass Sie sich für ein GU-Buch entschieden haben. Mit Ihrem Kauf setzen Sie auf die Qualität, Kompetenz und Aktualität unserer Ratgeber. Dafür sagen wir Danke! Wir wollen als führender Ratgeberverlag noch besser werden. Daher ist uns Ihre Meinung wichtig. Bitte senden Sie uns Ihre Anregungen, Ihre Kritik oder Ihr Lob zu unseren Büchern. Haben Sie Fragen oder benötigen Sie weiteren Rat zum Thema? Wir freuen uns auf Ihre Nachricht!

Wir sind für Sie da!
Montag−Donnerstag: 8.00−18.00 Uhr;
Freitag: 8.00−16.00 Uhr *(0,14 €/Min. aus dem dt. Festnetz/Mobilfunkpreise
Tel.: 0180-5 00 50 54*
Fax: 0180-5 01 20 54* maximal 0,42 €/Min.)
E-Mail:
leserservice@graefe-und-unzer.de

P.S.: Wollen Sie noch mehr Aktuelles von GU wissen, dann abonnieren Sie doch unseren kostenlosen GU-Online-Newsletter und/oder unsere kostenlosen Kundenmagazine.

GRÄFE UND UNZER VERLAG
Leserservice
Postfach 86 03 13
81630 München

Projektleitung: Regina Denk
Lektorat: Angelika Lang
Bildredaktion: Adriane Andreas, Petra Ender (Cover)
Umschlaggestaltung und Layout: independent Medien-Design, Horst Moser, München
Herstellung: Claudia Labahn
Satz: Uhl + Massopust, Aalen
Reproduktion: Longo AG, Bozen
Druck: Firmengruppe APPL, aprinta druck, Wemding
Bindung: Firmengruppe APPL, sellier druck, Freising

Printed in Germany

ISBN 978-3-8338-1933-9

1. Auflage 2010

Die Autorin

Petra Soons arbeitet seit 12 Jahren erfolgreich als Hundetrainerin und Ausbilderin speziell für Retriever-Rassen. Mit ihren eigenen Hunden erzielt die Jägerin in retrievertypischen Wettkämpfen national und international immer wieder Bestleistungen. Ihr Rüde Zeb zählt zu den wenigen Field-Trial-Champions in Deutschland.

Die Fotografen

Ardea: 26; J. Becker: 12; Blickwinkel: 56, 57-1, 57-2; T. Brodmann: Cover, 1, U6; K. Fischer: 48; S. Fock: 2-1, 13, 18, 36, 38, 47, 59; O. Giel: 24−25, 30, 44, U8-2; Juniors: U3-2, U3-3; A. Kraft: U3-1, U7-2; S. Krause-Wieczorek: 3, 6,11, 14-1, 20, 21, 28, 33-1, 33-2, 34, 35-1, 35-2, 35-3, 37-1, 37-2, 37-3, 40, 41-1, 42, 45-1, 45-2, 45-3, 46, 50-1, 50-2, 50-3, 51, 52, 53, 54; R. Kuhn: 16, 29, 41-2, U8-3; U. Neddens: 7; Okapia: 4; M. Rohlf: 2-2, 8, 9, 14-2, 24-1, 24-2, 24-3, 25-1, 25-2, 25-3, 27, U4-1, U4-2; C. Steimer: 23, U7-1, U7-3, U8-1; Tierfotoagentur: 10, 22, 58.

Syndication:
www.jalag-syndication.de

GRÄFE UND UNZER

Ein Unternehmen der
GANSKE VERLAGSGRUPPE